爱是什么

Estudios Sobre El
Amor

[西] 何塞 · 奥尔特加 · 伊 · 加塞特　著
姬健梅　译

湖南人民出版社　·长沙

图书在版编目（CIP）数据

爱是什么 / （西）何塞·奥尔特加·伊·加塞特著；姬健梅译 . —— 长沙：湖南人民出版社，2024.2

ISBN 978-7-5561-3302-4

Ⅰ．①爱… Ⅱ．①何… ②姬… Ⅲ．①情感 – 通俗读物 Ⅳ．① B842.6-49

中国国家版本馆 CIP 数据核字（2023）第 147972 号

爱是什么
AI SHI SHENME

著　　者：[西]何塞·奥尔特加·伊·加塞特

译　　者：姬健梅

出版统筹：陈　实

监　　制：傅钦伟

选题策划：长沙经笥文化

产品经理：杨诗文

责任编辑：张玉洁

责任校对：夏丽芬

装帧设计：林　林

出版发行：湖南人民出版社有限责任公司［http://www.hnppp/com］

地　　址：长沙市营盘东路 3 号　　邮编：410005　　电话：0731-82683327

印　　刷：长沙艺铖印刷包装有限公司

版　　次：2024 年 2 月第 1 版　　　印　　次：2024 年 2 月第 1 次印刷

开　　本：880mm×1230mm　　1/32　　印　　张：6.5

字　　数：120 千字

书　　号：978-7-5561-3302-4

定　　价：58.00 元

营销电话：0731-82683348（如发现印装质量问题请与出版社调换）

导　读

爱是从位格的生命中心辐射出去的合一动能

星球卷燃着粉红色火焰

遥望清静天空

宛转的裂隙释放大能

追忆亿兆年前的热情奔放

期盼滑落长空之后

终极未来的

冷凝

现在仅是

无可言说的

孤绝

天地不过是一粒尘土

宇宙埋藏于一点深心

我们

仍屹立

于时间极速扭曲旋转的平衡点

一直朝望天

用尘土深心

向天空诉说衷情

——赖贤宗诗作《向空诉情》

一、爱是什么：问世间情是何物？如何寻找真正的爱侣？

何塞·奥尔特加·伊·加塞特是西班牙著名的哲学家和文学家，他被世人称赞是西班牙的屠格涅夫或陀思妥耶夫斯基。法国存在主义大师、诺贝尔文学奖得主加缪将他誉为欧洲继尼采之后最伟大的哲学家。他具有美妙的文学才华，同时作品也有探索生命存在的灵性深度。

关于爱，必须先知道它不是什么，然后才可能知道它会是什么。加塞特在书中讨论了唐璜、莎乐美等，讨论了爱情行为所涉及的复杂心理，区别了爱与欲望的根本差异。一般人都漠视了唐璜、莎乐美的欲爱典型之中所包含的巨大的心理动力的实质，更忽视了唐璜、莎乐美的欲爱典型与真正的"爱"的本质差异。

加塞特在《爱是什么》中如此定义"爱"：爱是灵魂

的离心行为，是内心的放射（由内在走向他人）；以经常的流动走向它的对象，从爱者到所爱者，以温暖的肯定围住它的对象，与对象合一，并且积极地确定对象的存在。因此，爱是从位格（Personality）的生命中心所辐射出去的合一动能。这个生命中心就是人的属灵神性的位格存在，合一动能则是动力因，也是目的因。

爱是从位格的生命中心所辐射出去的合一动能。神对人的爱是一种恩典（Grace）与救赎，人效法基督则是十字架的精神。十字架上的爱的生命中心，就是人的属灵神性的位格存在对于生命存在的召唤，乃是合一动能，既是动力因，同时也是目的因。因此，加塞特的书上说爱之对象的选择乃是内心深处的一种选择，如果爱情果真是一种选择，那么我们在爱情中同时具有一种"认知根据"（Ratio Cognoscendi）和一种"存在根据"（Ratio Essendi）。我们在爱情之中体验到更高的存有，更高的存有乃是爱情的"存在根据"，假若没有这样的更高的存有，我们的所谓的爱情或许将变得淡然无味、失去活力。爱情之中的具有灵性的"合一"的体验则是真正的爱情之"认知根据"，我们因此得以辨认真正的爱情。

二、爱是"合一"与"恩典"：一个东亚哲学的解读

加塞特曾引用过奥古斯丁（Augustinus）的名言："我的爱是我的引力，它去哪里我就跟去哪里。"奥古斯丁年轻时是史上情欲最强烈的人之一，他信仰基督教，对爱做过极为深刻的思考，有时候他能摆脱把爱跟欲望混为一谈的说法，以此作为"爱"之精神标杆。奥古斯丁所说是指神爱（Agape），神爱是位格之中的美与善的满溢而出，是神赐予人的恩典。就基督宗教而言，神就是爱，神之爱是实体的实体，成就了一切的诫命与律法。

就西方的爱情哲学而言，爱情（Love, Liebe）包含了"情爱"（Eros）与"神爱"这两个主轴。"情爱"起源于主体的匮乏，情爱乃是他者在我之中说话。"神爱"则是位格之中的美与善的满溢而出。

详细言之，爱情包含了欲爱（Libido）、德爱（Philia）、情爱、神爱四个。情爱产生于主体的匮乏，包含了灵魂灵性之爱（Spiritaul Eros）与欲爱。"欲爱"是弗洛伊德的术语，指涉及潜意识之中的性欲驱力。相对于此，德爱乃是以品德互相激励，男女异性之中，以友辅仁，甚至双方滋生爱苗也是因德爱而相互尊敬。德爱是属于亚里士多德的德性伦理学的范畴。神爱是人与具有神圣性的更高的存有的合而为一，乃是起源于位格的善与美的满溢而出。就

加塞特的观点而言，欲爱、德爱、情爱本身都不是真正的爱，这些都只是为了引向神爱。或是说，神爱使得欲爱、德爱、情爱得到成全。加塞特的《爱是什么》区分欲望跟情感，因此让爱的独特之处、爱的本质不至于从我们指缝间流失。在生命的内在经验之中，爱的孕育能力最强，以至于爱成为一切孕育能力的象征。心灵的许多冲动由爱产生，例如愿望、思想、意志力的表现和行动。然而这一切虽是由爱而生，一如庄稼由种子而生，却不是爱本身；爱其实是这一切的根本。凡是我们所爱的东西，我们自然也会去追求，不管是在哪一种意义上，也不管是以哪一种方式。不过，要区分爱与欲望，还有一个更重要也更高尚的理由。想要一件东西的欲望说到底是想要拥有那样东西，"拥有"意味着那件东西进入我们的生活，仿佛成为"我的"一部分，这是一种占领与控制。欲望一旦达成就会自然消灭，随着得到满足而逐步消失，转移兴趣。相反，爱却是永远的不满足。欲望在外表看来是出于主动的，事实上却具有被动的性质，而且仔细加以检视，当我心中有欲望，我想要那样东西到我这里来，乃是出于主体的匮乏，对对方有所期待。在欲望之中，我是万有引力的中心，期待那些东西落到我这里来，让我占有对方，满足主体的暂时的欠缺，一旦占有而满足便弃之而去，仍然处在一种主体的匮乏之中。爱却正好相反，我们将会看出爱是全然的主动，乃是出于位格的美与善的满溢而出。老子说："虚而不屈，动而愈出。"爱的位格中心就是如此，虚我忘我，奉献给对方而与对方共同属于更高的存有——道。

诚如所说，爱着一件东西的人走出自我，走向他所爱的对象，成为那样东西的一部分，爱者是生命的勇者，他虚己忘我，与爱慕的对象合一，成为一体，在爱的合一动力之中，回到道的浑全。能让一个个体走出自我，而走向另一个个体（更高的存有），大自然中最大的力量也许就是爱，道法自然，超性自然之中就包含了这样的爱。在欲望中，我想把所渴求的对象拉到我这里来；在爱中，我被拉到所爱的对象那里去，而在一个更高的存有之中，合而为一，老子说："是以圣人常善救人，故无弃人；常善救物，故无弃物。"大爱者泛爱众，而亲人，自觉、觉他、觉行圆满，乃是菩萨之爱。

三、爱的本体学：神秘主义与"爱"具有共同的根源

加塞特引用奥古斯丁关于爱的名言，进而讨论神秘主义与"爱"具有共同的根源，都是一种神爱的体验，蕴含了一套爱的本体学（Ontology of Love），这里之所说应该是此书最大的贡献。底下做一导读，并且以保罗·蒂利希

（Paul Tillich）的文化神学与亚洲哲学加以补充。

这里所说的神爱涉及与"合一"的体验，合一包含了人与自然的合一、人与人的合一以及人与神的合一。神爱可以点化爱情，让欲爱、德爱、情爱、神爱在神爱之中得到成全。在东亚哲学的传统之中，合一体验就是"和谐"（和）的课题，也就是人与自己的和谐、人与人的和谐、人与自然的合一。人与自然的合一，包含了人与物质的和谐以及人与灵性自然（超性自然）的和谐。夫妇一伦是五伦之根源，"诗三百，一言以蔽之，曰：思无邪"，在如此的男女情思之中，可以实现人与自己的和谐（情与理）、人与人的和谐、人与自然的合一。如此之"诗教"，具备神话诗学的动能，可以点化人生的各种情境，达到整体的和谐。

加塞特指出：虽然研究神秘主义的学者都知道神秘主义者经常使用与情爱相关的语汇，却没有人注意到一件与此现象互补的事实，即坠入情网之人也喜欢使用宗教的词汇。柏拉图认为爱是一种"神圣的疯狂"，而恋爱中的人都"膜拜"其爱人，在她身边觉得"如在天堂"。通过"想着神""沉入神之中"会达到一个瞬间，在那一瞬间，他不再位于心灵之外，不再与心灵有所分别，不再是与心灵相对的外在之物。恋爱中的心灵也是如此。也就是说，他（或是他及她）不再是外在之物，而成了内在之物。心灵在神性之爱之中溶解，不再感到他与自己有别。这就是神秘主义者所追求的"与神联合"。

蒂利希指出：弗洛伊德认为，通过超我伦理的禁欲及精神分析的认知达成，人性中根本的破坏与异化（Alienation，Entfremdung）都能被人自己所治愈。这其实已经造就了一种新的宗教，然而弗洛伊德的深层心理学理论也存在一些矛盾。蒂利希认为，我们必须深化弗洛伊德性爱驱力（Libido）中具有创造性的情爱，达到"神爱"，才能走出深层心理学的矛盾困境。为此，蒂利希补充了情爱观点。在西方哲学中，情爱之说起源于柏拉图的《飨宴篇》（Symposium）。情爱是指那使原本合一，而且驱使现今分离者相结合的动力。

> 从存有论基础上来看，重新结合的前提，乃是本质上共同的东西之分离。……绝对相异者不可能进入一种共同体……因此，不能将爱描述为相异者的结合，它只能是疏离者重新的结合……而最大的分离，是自我与自我的分离。[1]

在这里，我们看到蒂利希在《信仰的动力》一书中所主张的"灵性"的存有论基础。在基督信仰中，"圣灵"就是上帝实际的"爱"（神爱）。《信仰的动力》中说："爱

---

1. 保罗·蒂利希：《爱、力量与正义》，第308页。

是万物根基当中的力量，它驱使人超越自身，与他者及最终与同自身相分离的根基本身复合。"[1]

作为神学家，蒂利希为人们挖掘出了那隐藏在深层心理学背后的宗教要素。因为深层心理学的确看到，完美的人格（the ideal of personality）只是一个不真实的幻觉。虽然这样的人性论点相当悲观，但它的确帮助我们意识到恩典的积极意义。如同蒂利希所说："这单靠历史发展是不会发生的，需靠上帝的介入。"[2] 神爱是一种恩典，是真善美的满溢而出。相对于此，情爱出自主体的匮乏。

1958 年，蒂利希在美国当时十分流行的《星期六晚邮报》之中，发表了一篇题为《宗教所失去的向度》的短文。[3] 蒂利希使用了一个带有神秘性的空间比喻——"深度的向度"，也就是说具有灵性深度的空间。所谓的"深度的向度"乃是用以对比现代西方社会普遍存在着的生命实存的困境，现代西方社会的人们的生命意义限于"横向的、水平的、扁平的向度"（Horizontal Dimension），只是生活在工具

---

1. 保罗·蒂利希，*Dynamic of Faith*，New York：Harper & Brothers，1957，第 114 页。中译文引自王涛，《圣爱与欲爱：保罗·蒂利希的爱观》，第 75 页。

2. 保罗·蒂利希，卢恩盛译，《系统神学（第三卷）》，第 458 页。

3. 保罗·蒂利希，*The Lost Dimension in Religion*，选自《星期六晚邮报》，1958 年 6 月 14 日卷 1，第 28—29 页及第 76—79 页。

理性中，缺少灵性的深度。蒂利希探讨人的心灵的实存向度以及爱情的本质，可以说，人的心灵具有横向和纵向两个实存的方向，人是顶天立地的，横向立于大地之上，而纵向超越向天中天。横向的实存方向是空间性的，是认识论的，关心的是如何把自己开放到世界中去的课题；纵向的实存方向是时间性的，是存有论的，关心的是如何向上超越，在更高的存有之中体验合一。意识的转变也具有这两个方向，一个是横向的空间性的向世界开放，另一个是纵向的自我超越。"菩萨"乃是"觉有情"，乃"以觉情来觉悟有情"，包含了横向和纵向两个实存。上述的神爱涉及与"合一"的体验，涉及以上的这两个方向。就亚洲哲学而言，以上的这两个方向不是互相隔绝的，而是横中有纵，纵中有横，就像人是顶天立地的实存，包含着纵与横的互相交涉的向度。这是说，在横的对世界的开放和认识中，具有向上企求超越的存在动力；而在纵的向上超越的活动之中，就内在的曲折出横向的对世界的开放和认识。这是说：我们在横向向世界开放之时，就在当下一瞬内在地向上超越于佛陀，而佛陀自性也能横向地开展出种种功德力。

一般人的认识活动和实践活动带着强烈的自我之执着与污染习性，所以在境界现前之时，执着于境界，从而从身、语、意造作了种种贪、嗔、痴，在横向的认识活动之时，生起种种虚妄分别，更造作出种种贪、嗔、痴的行为。亚洲哲学提出功夫论等实践的向度，例如以唯识观和禅修来加以转化。

就此心灵转化而言，或说就爱情的精神标杆而言，以唯识学而观，分为两个阶段，即方便唯识和正观唯识，分别是"识有境无"和"境识俱泯"的阶段。方便唯识是"识有境无"，了知"万法唯心造"，了解外境的对象本身并不存在，那只是意识表象活动的变现结果而已，所以回到主体的能动性，回到能够变现万有的主人公，不要受到外物的牵引而引动物欲，这是将横列之物象摄回到纵；而正观唯识是"境识俱泯"，在统一心的主客合一的状态之中，进而"境识俱泯于法界"，这是体证纵之境识俱泯就是法界的真实性的显现，而法界可以通于如来藏缘起，所以，纵中有横，是无分别的分别，甚至是佛性的全体大用的显现。

纵是向上超越，横是开放给世界。开放给世界而不执着于外境，能够不断开放，这意味着横向的开放具有向上超越的纵向的源头活水。而纵向的向上超越也不是遗世独立，而是活在每一个当下，在每一个当下都活出它的向上一机。禅就强调"活在当下"与"向上一机"。"活在当下"是在横向的存在向度之中，不攀缘不沾滞；而"向上一机"，是强调在每一个当下，都能契悟全体展现的一机，时时具有佛性的自觉。

因此，在亚洲哲学之中，相当于前述的神爱的一个典范乃是观世音菩萨的大悲心（Karuna），大悲心乃是同体大悲，无缘大慈，其本质就是一种广大灵感、入世激浊扬清的精神力量，冲击五浊的恶世，从而激发有情的觉性，所以称为"大慈大悲广大灵感观世音菩萨"。观世音菩萨属于莲花部，转化情感与贪欲而成就净土。悲从字形上看是"非心"，非心的悲就是一种不动摇而湛然常寂的哀悯拔苦的行动力，是感情的无上的升华，是一种无分别的空性智慧所引燃的力动，凡是受到观世音菩萨的大悲的感召的人，都活在这种力动之中，而自然而然地投入观世音菩萨的大悲事业之中。

（本文作者为台北大学中文系教授暨系主任赖贤宗）

爱是什么
Estudios Sobre El
Amor

目
录

I

谈女性对历史之影响

不管男性多么经常从根本来改善自己，

在科学或艺术作品中，

总是发生在一种情况下，

当他通过女性心灵的媒介望向无穷，

女性的心灵像水晶一般反射出每个世纪的

具体理想。

因此诗人雪莱能对爱人这样说：

"爱人，你是我比较好的自己。"

（此文发表于 1924 年，是加塞特为

维多利亚·奥坎波[1]一部评论但丁作品之著

作所写的跋）

---

1. 维多利亚·奥坎波（Victoria Ocampo,

1890—1979)，阿根廷作家，也是传奇性

文学杂志 Sur 的发行人，在南美洲极负盛名。

爱是什么

Estudios Sobre El

Amor

敬爱的女士：

这趟郊游引人入胜。你带领我们走过三行诗节吟唱的道路，只用温柔的手在此处或彼处加上解释的重音，好让那出旧戏在新的意义中重新诞生。偶尔我们忘了但丁笔下的人物，因为你的手势而着迷。不过，同样的情形当年不也发生在但丁和他那个优秀的向导身上吗？此事自古皆知。对当代的渴望让那出古老、巧妙但失去血色的戏剧在另一出新戏面前相形失色，而这出新戏源自古老戏剧在你心中的反射。假如但丁重回人间，我想他也不会觉得这有什么可议之处。他深刻地享受到认知的喜悦，不会轻视双重的享受，这种享受在于不总是直截了当地来看世界，而是偶尔通过他人眼睛的反射来看世界。早在埃雷迪亚[1]之前

---

1. 何塞－马利亚·埃雷迪亚（José-María Heredia，1803—1839），生于古巴的法国诗人。

的七百年，但丁就说过：在一只眼睛里也能看见一艘船顺流而下。多美好的陈述！他之所以这样说肯定是因为他曾经对着一双追随他的眼眸弯下身子，那里有充满认知的欲望，乃至甜蜜的四目相接；探索瞳孔深处流动的河水，有船只航行，眼眸驾驭着龙骨。每一行诗都藏着最幽微的秘密，是他心灵之书里暗藏的一页。由于我稍后将会谈到但丁保持距离的策略，因此在这里只单纯地回想他的事迹。尽管他生性羞怯，却是个爱情的勇者，那些会带来死亡的溃败并没有吓退他。他在一个只有他熟悉的海湾里看见了那艘船，也唯独四目相接时才能看到。古罗马时代希腊作家普鲁塔克[1]记述了一个类似的事件：战士带着被画得五花八门的盾牌走上战场，一个士兵的盾牌上只画了一只蚊子。"胆小鬼！"其他的士兵讥笑他，"你以为敌人不会注意到你，让你溜到他身边去！""正好相反，"遭到辱骂的士兵说："我会靠近敌人身边，近到他不得不看见这只蚊子，不管他愿不愿意。"

不过，事实很清楚，但丁充满灵性的特质固然必须通过日常生活来理解，但这尚不足以解释，我们为何在读他的书时想起他胜过他所评论的那首诗。我们另有一

1.普鲁塔克（Plutarch，约46—约120），古罗马时代希腊哲学家、作家。

个更高尚的解释，而对于这个解释但丁早在我们之前就已提出。

敬爱的女士，你是一面镜子，反映出真正的女性特质。你的形貌散发出罕见的优点，糅合了优雅，这自然会引诱我们看着你走过但丁的世界，在那里万物合而为一。我们偶尔会重新展开在彼世的漫游，从而得到新的意义和未曾察觉的魅力。因为，无法抗拒的热忱与同样无法抗拒的斥责都源自你的心。专心追随你的感觉，确定你的感觉在何处停留，在何处继续前行，这真是种享受！你的激动引导了我们，因为从每一次激动中都能看出你的赞同或反对！

不过，女性的典范不正是但丁的伟大发现吗？很遗憾，女性对历史的影响仍然是尚未写成的一章，没有人知道详细的情形。关于这一点，唯一的辩解是同样无人尝试去写男性对于女性情感的历史。一般人以为这种情感在每个时代或多或少都是一样的，事实上，这种感情涉及极度错综复杂的过程，在这个过程中男性和女性都有得有失。

首先要确定的是，世界的历史具有交错的性别。有些时代具有男性性格，有些时代具有女性性格。若要从西方文明中挑个例子出来，不妨想一想中古时代早期是多么男性化，女性不在公众生活中出现。男人投身于战争，远离温柔的女性，饮酒唱歌，过着与袍泽为伍的生活。中古时代晚期则让女性的星辰在地平线升起，在我看来，这是古代欧洲历史中最迷人的时期。你一定也注意到了这一点，因而在论文结尾提到普罗旺斯的爱情法庭[1]。直到如今，绽放于12世纪的骑士礼节文化仍未在历史上得到应有的地位，在我看来，此文化乃是西方文明中极为重要的一部分。圣方济各、但丁、阿维尼翁的教皇宫廷和文艺复兴都源自此文化，我们如今的文化则是接续其后。这些都是普罗旺斯几位仕女大胆撒下的种子所结出的丰硕果实，她们树立了一种新的生活风格。面对僧侣和战士这两种不自然的禁欲生活，这些女士勇敢地提出净化内心的规范。她们的影响在于振兴了古希腊人的最高法则——节制（Metron）。中古时代早期就跟男性一样毫无节制，骑士礼节的法则重新宣示了有节制之举止的统治地位，只有在有节制之举止的统治下女性才得以自由呼吸。

此一美好生活方式像一阵微风飘散开来，一直飘到欧洲的边界。即便像《熙德之歌》[2]这般萌生于坚硬土壤的粗

1.Cours d'Amour 是中古时期的一种宫廷娱乐，兴起于12世纪的普罗旺斯，模仿法庭的形式进行问答游戏，多半由贵族仕女担任主席。

2.*Cantar de Mio Cid*，西班牙史诗，约写于1140年，叙述英雄熙德一生的事迹。

糙诗歌也夹杂着这样的诗句：

　　熙德聪明而有节制地说

　　也就是说，普罗旺斯宫廷里有良好教养的女士团结一致，让节制传到了遥远西班牙卡斯蒂利亚（Castilla）粗犷的英雄诗歌中，同样地，歌德也是在史泰因夫人的影响下抛弃了他年轻时粗鲁的条顿族文化。基于这个原因，歌德称史泰因夫人为他的"驯服者"，并赠予我们这样的忠告：

　　若想清楚得知何谓得体，
　　只需请教高贵的女士。

　　女人对于男人来说最早是种猎物，是他掳获的一具身体。但这种猎人与猎物的关系，长时间下来无法令人满足。渐渐开化的男人希望捕捉到的东西能听命于他，于是捕捉变成了赢得，猎物变成了奖赏。为了得到奖赏，必须证明自己值得拥有它，要提升自己成为那个藏在女人心中的理想男人。随着这种奇特的转移，两性的角色发生了调换：冲出笼中的野兽变成了俘虏。在纯粹由性本能主导的时代，男人像强盗一样扑向每个能得到的美女。但是在精神爱情的状态下，男人克制住自己，先从女人脸上读出邀请或是拒绝的表情。骑士礼节的文化揭开了两性关系的新序幕，多亏了这种新关系，女人的地位得以提升，成为男人的教育者。在历史的这个转折点上，但丁位于其顶点。创作《新生》（*La Vita Nuova*）的诗人被一个女子塑造成一个新男人，在她的凿子下，他幸福得微微颤抖。只有当贝雅特丽齐[1]点头表示允许，但丁才呼吸。她远远地走过，带着前拉斐尔时期的矜持。但丁心里却只想着一件事：她会不会跟自己打招呼？情绪不佳的贝雅特丽齐避开了但丁的招呼，他内心深处受到了震撼。初次看见她时但丁说："她娴雅有礼地向我打了招呼，在那一刻我仿佛瞥见了无边的幸福。"而另一天他说："她居然不肯理我，不肯向我打招呼。"从那时起，唯一的希望——希望得到她动人的招呼——一直折磨着他。

"打招呼"和"不打招呼"如同两条无形的缰绳，就像北回归线一样无形，那个少女聪明地用这两条缰绳驾驭着但丁的少年时代。显然只有崇高的人物才具备这等超凡

---

1. 贝雅特丽齐是与但丁年纪相仿的一个少女，但丁9岁时初次见到她，当时她一身红衣。但丁18岁时再度与她相遇，她身穿白色衣裳。这两次相见给但丁留下了深刻的印象，贝雅特丽齐成为他心目中完美的女性。后来但丁在《新生》一书中记述了对她的爱恋。

神奇的力量，可以称之为"温柔而纯粹的女性"，一如但丁所言。他不愿意确实评价身体的意义，当他说起那双眼睛的时候，坚持那是"爱情的源头"，称她的嘴巴为"爱情的顶点"，摒除任何不洁的念头："我曾说过我只企求她跟我打招呼，那就是我最大的希望，当我说到她的嘴时，指的就是她向我打招呼时嘴巴的动作，并没有其他不正当的意思。"

据说圣方济各可以靠着一只蟋蟀的鸣叫声活七天。但丁从那张他所思慕的唇和那双他所爱恋的眼睛中只撷取问候的微笑，一份无法言语的礼物。在但丁较晚期的作品中，我们一再遇见这抹微笑，他所盼望的微笑是歌德式的，仍旧活在那些石刻的圣母像上，装饰着欧洲大教堂的入口。

因为此微笑在她眼中闪烁
仿佛我所受的恩赐，在天堂的底部
和我的心底相接触

但丁在他毕生的巨著接近结尾处这么说，整理他少年时代的回忆，回想他展开新生活的那一瞬间。敬爱的女士，这个主题填满了我的内心，我有太多的话想说，请允许我借此机会说出我的看法，关于女人在历史上的生物学任务。但希望你不要对我使用"女人"这个词感到刺耳。我相信你很快就会明白，为了达到目的，我不能用别的字眼来取代它。

如果我们忘了女人首先并非妻子、母亲、姐妹或女儿，女人的真正使命就无法显露出来。所有这些特质都是女性特质的表现，都是当女人不再只是女人或是尚未成为女人时的表现。当然，假如世上没有我们称之为妻子、母亲、姐妹或女儿的美妙头衔，这个世界将会悲哀地有所残缺。这些头衔的任何一种都如此独一无二，值得尊敬，让我们几乎难以相信还有比它们更崇高的头衔。但我必须指出，所有这些头衔仍然不足以让女性特质的种类齐全，是的，和作为女人的女人相比，这些头衔甚至只是次要的。

女人的这些头衔，彼此之间的差别都在于确定某一种直接的目的。人人都知道并感觉得到一个母亲、妻子、姐妹或女儿是什么样子，但是女人这种动人的四重身份将不会存在，假如她在这之前根本不先是女人的话。

可是我要问，什么是作为女人的女人？

在回答这个问题之前，我必须先批评一般人对于"理想"的理解。敬爱的女士，这两百年来，大家固执地对我们讲述理想主义，尤其是哲学家和教育家不断用这种说法来纠缠我们，说生命只有在为理想服务时才有价值。不管这种说法有几分真实，以这种形式来描述理想都是个灾难性的错误，理应被舍弃。关于正义的理想、真相的理想或是美的理想，大家说了很多，可是却没有人问，为何某样东西必须先被创造出来，才能被视为理想。别人狂热地向我们称颂这个或那个标准是不够的，昨日的理想到了今日已不再是理想。我们一再重复地经历这个古老的过程：一个理想萌芽，绽放，而后凋萎。可是该如何解释理想之易逝，虽然其内容总是相同的？我们显然不该将理想视为某种自行存在的东西，某种跟理想的创造者——也就是我们——无关的东西。因此，一个完美的东西仍不是理想。理想具有生死存亡的功能，是生活的一种工具，就跟无数其他的工具一样。伦理学和美学可以随时定制理想，但只有生物学才能告诉我们理想究竟肩负着什么样的任务。

有时候别人想说服我们，说理想是远离生活的东西，飘浮在某个高空，凡夫俗子唯有抛弃自己在尘世的生活才能企及。宣扬这种想法的人不明白他们使自己的理想主义蒙受了多大的损害，因为他们让世人以为就算没有任何理想的介入，生活依旧可以存在。那么这些理想自然就如同车子上的第五个轮子，完全是一种多余的附加物。

敬爱的女士，那种说法我一个字也不相信。所有的生活，至少是所有人类的生活都不可能没有理想。换句话说：理想是生活的一种根本元素。

新的生物学即将证明活生生的有机体并非只是由身体构成，就人类而言，由一具身体再加上心灵构成。人的这个整体不过是一个生理与心智器官的系统，即一个活动的器械系统。生命由一个具有生理与心理功能、过程与活动的系统构成。这些活动，不论是直接还是间接，既针对环境而发，也对环境产生影响。眼睛看见环境中的物体，便伸出手去碰触它们。可是如果以为环境只是我们活动的对象，那就错了。每一天都可明显看出有机体的活动不能缺少刺激，即使是进食这种最基本的活动。也就是说，对生物而言，刺激不可或缺。所有的一切在很大程度上都取决于此，以至于我们可以说：活着便意味着受到刺激。而环境是种种刺激的储藏室，不断对我们的有机体产生影响，让生命流动。每一个物种，甚至每一个个体都拥有自己的环境。马蜂的眼睛由六千个小眼睛构成，它势必拥有一种特殊的视觉环境，因此能够对特别的刺激起反应。

由这种简单的观察可以得知，环境绝非某种独立于生物有机体之外的东西，其本身就是有机体的一个器官，感受刺激的器官。由此来看，生命是个人与环境之间的一场充满活力的对话。大气的压力、气温、干湿程度、光线刺激着我们的身体。除此之外，环境还具有其他功能，不论是具体的或是想象出来的，其功能都在于刺激我们的心智神经，而心智神经又会把刺激传递到身体上。理想就是这种刺激心理的东西，因此，关于理想的那些空洞、油滑、伪装神秘的胡说八道可以停止了。理想吸引着我们的生命，刺激着我们的生命，是生物学上的弹簧，是正要爆发的能量雷管。没有理想就没有生命。幸好在我们的环境中充满取之不尽的理想，充满不属于尘世的、甚至不可能存在的幻觉。某些极小、极微不足道的幻觉，我们几乎不予以承认。但也有些具有历史规模，且极其巨大，贯穿我们的全部生命。这可以发生在一个人身上，也可以发生在一个民族身上，甚至可以凌驾整个时代。当然，大家也许只想把"理想"一词用于那些宏大的事物上，但我必须加以补充，让理想之所以成为理想的并非其规模，理想与最不起眼的刺激有着共同之处，即两者都有吸引人、使人兴奋、使人入迷的力量。理想是生命的一个器官，其天职在于刺激生命。敬爱的女士，生命就跟骑士一样需要马刺。因此，生物学的分析绝非只限于生物的身体与心灵，而是包含这种生物所怀抱理想的清单。因为即使身心健康，我们仍旧可能使生命堕落，原因只是我们的"理想"不够卫生。

因此，某件东西要成为"理想"，单是出于道德、品味或是传统，而被认为值得成为"理想"，尚嫌不足，这件东西必须具备挑动我们神经的力量，令我们着迷，抓住我们的全部感受。否则，那就只是"理想"的鬼魂，是一个麻痹的理想，没有能力让生命拉紧的弓爆发开来。"理想"有两张脸，到目前为止，大家只注意到其中面向绝对的那一张，而忽略了朝向内在生命运作的那一张。我们用"幻想"这个因常用而变得庸俗的字眼来指称"吸引"的功能，"理想"的本质就建立在这种吸引上。

现在，我可以再回到之前提出的那个问题上。当女人就只是女人的时候，女人的职责在于作为具体的理想、一种魔力和男人的幻想。不多，也不少。一方面，一个男人可以真诚地热爱他的母亲、妻子、姐妹或女儿，他的感情却没有被幻想的重音所强调。另一方面，一个男人可以感觉到幻想、被吸引、被迷住，却不能感受到任何为人子之爱、为人父之爱、为人夫之爱或兄弟之爱。女性有着敏锐的感觉，很快就能看出她们所引发的情感是否带有幻想的性质，而私底下，她们只有在这种情况下才觉得受到恭维，才感到心满意足。何塞·德·坎波斯（Jose de Campos），这位18世纪敏锐的西班牙作家写道："只有女人的心能够完全填满男人的心。"

也就是说，女人成为真的女人的程度就在于她让男人入迷或是生出幻想的程度。

成为一个完美的母亲是母亲的理想，但是身为母亲这件事本身并不意味着理想。因此，女人各种头衔之间的区分很清楚，每一种都有自己对于优点和美德的标准。有可能一个女人是一个完美的妻子、母亲或姐妹，但她不具有女人的完美。反之亦然。

另一方面，女人生命中所有其余的可能性都建立在女人具有魔力的使命上。如果女人不能使男人着迷，男人就不会娶她为妻，让她成为自己孩子的母亲。也就是说，一切都建立在这种令人着迷的魔力之上。在夏多布里昂[1]的《殉道者》（Martyrs）中，一个罗马统帅从他驻守的堡垒看向星空，恍如在梦中。在他面前的是一个不属于尘世的魅影，那是爱着他的巫女，高挑的维莱达留着金色长发，神圣的金色新月在她胸前，她对他说："你知道我是仙女吗？"事情就是这样：女人在能够具有其他的身份之前，先得像个仙女一样出现在男人面前，就跟维莱达一样。这个幻觉可以只是一瞬，也可以是永远。幻觉让女人有机会行使她对男人所具有的至高力量，这种力量是女人与生俱来的。

很难相信，有人盲目到认为女人可以通过选举权和博士学位来对历史产生影响，就跟通过幻想这种具有魔力的

---

1. 夏多布里昂（François-René de Chateaubriand，1768—1848），法国作家、历史学家、外交官与政治人物。

潜能一样。除了女人对男人的吸引力之外，人类的天性不具有第二种同等万无一失的驱动力，因此在这种吸引力中可以看出大自然改善物种的微妙手段。

要知道，打从欧洲历史的开端开始，在《伊利亚特》（Llias）的第一篇诗歌里，女人就是比赛与战争中胜利者的奖赏，最快、最强的男人得到最美的女人。因为这样，我们看见刚要走进历史的男性在竞赛与决斗中为了女人而战。后来女人不再只是给予最优秀男子的奖赏，而是由她自己来决定谁才是最优秀的：社会生活不外乎是男人之间的公开竞争，较量彼此的能力，目的在于得到女人的奖赏。尤其是在那些成果最丰硕、最灿烂的时代——13世纪、文艺复兴时期、18世纪——社会变化倾向于让女子来做裁判，用司汤达[1]的话来说是"功绩的裁判"。不过，有人会提出反驳意见，说女人并不总是把票投给最优秀的男人，而是投给在她看来最优秀的，即最能够体现她心中理想的男子。事实的确如此。女人把理想男子的形象藏在心中，在轮到她登场的时刻便将它抛到人生的市场上，这就好像一种彩券，归持有相同数字的男

---

1. 司汤达（Stendhal，1783—1842），19世纪法国知名作家，原名马利－亨利·贝尔（Marie-Henri Beyle），是小说《红与黑》的作者。

子所有。实际上，历史有一大部分是由女子所编织出的理想男性的历史。例如，普罗旺斯的宫廷仕女希望男子"勇敢而有礼"，她们就这样创造出理想的贵族，即使经过没落和多次受创，理想的贵族直到如今仍然左右了欧洲的社会。

在每一代人当中，符合当代年轻女子最普遍之理想的年轻男子都会受到偏爱。身为男子他们会点燃最温暖的炉火，身为丈夫他们会生出最好的孩子，这些孩子在成长中感受到双亲的和睦，有朝一日将以同样的精神把生命延续下去。

敬爱的女士，这件事将不会改变。人生就是如此，它是一条令人惊奇而且充满意外的道路。年轻女孩在深闺中想出来的幻象难以掌握，而且转瞬即逝，谁会相信这个幻象将在将来留下比战神的刀剑更深的痕迹呢？下一个世纪的现实，绝大部分将取决于少女所编织的秘密幻想。莎士比亚说得没错：我们的人生是由梦境编织而成！

敬爱的女士，我并不想借这个机会对现代的女性主义表示反对。女性主义的具体目标有可能让我觉得值得尊敬并加以支持，但即便如此，我还是敢声称整个女性主义只是一个肤浅的概念，没有注意到女性对历史的独特影响这个大问题。由于缺乏判断力，导致女性主义在男性活动的形式中寻找女性的作用。很显然，这样的探索是不会有结果的。

别忘了每一种生物都以自己的方式跟命运连接在一起，我们应该睁大眼睛来辨识。

伟大的剧作家黑贝尔[1]自问是否能让女人作为悲剧的主角，但他认为英雄主义在于行动过度，而这跟女性的一般态度并不兼容。他分析寡妇朱迪斯（Judith）的故事[2]，发现她是基于对勇敢战士的热烈钦佩而大胆地来到了赫罗弗尼斯（Holophernes）的帐篷，砍下了他的脑袋，以报复所受的侮辱。她的英雄行径经不起进一步的检视，事实上，那是由引诱和诸多弱点交织而成的。黑贝尔想要塑造出一个更好的女英雄，于是创造出他笔下的格诺费娃，她除了受苦以外什么也没做。格诺费娃于是成了消极女性英雄主义的象征，其行动就只在于受苦——以忍受作为行动，这是黑贝尔对于女性天职的表达方式。

黑贝尔的解决之道在我看来过于夸张。女性的天职固然不在于行动，但是在行动与忍受之间还有一个中间地带：存在。

凡是情感较温柔的男子至少会有一次这样的经历：在

---

1. 弗里德里希·黑贝尔（Friedrich Hebbel，1813—1863），德国诗人及剧作家。《格诺费娃》（Genoveva）是他所创作的一出剧本，后来由舒曼谱写成同名歌剧。

2. 出自《圣经·旧约》的故事，年轻美丽的寡妇朱迪斯色诱敌军首领赫罗弗尼斯，斩下了他的头颅。

看见一名女子时感受到女人是种不一样的生物，一种更高尚的生物。的确，或许这名女子拥有的知识比男人少，艺术创造力比男人弱，政治天分比男人少，统率能力比男人弱，但男人感受到她是种更高尚的生物。在从事同一种工作而能力相差很远的男人之间绝不会出现这种感受，原因在于男性的本领在某种程度上只是附加在他身上的工具，不管是科学天分、艺术才华、政治手腕或财务技巧，还是道德上的英雄行径。他的才华创造出普遍可用的事物，或是必须存在的事物，如科学、艺术、财富、公共秩序，但我们真正珍惜的并非他们的才华，而是那些事物，只有少量的注意力落在创造出这些事物所需要的才能上。我们想要的不是诗人，而是诗篇；不是政治人物，而是政治。才华并不属于个人，这种特性从一个事实中就能彰显出来，即有着严重个人缺陷的人仍然可能具有才华。男性的长处在于行动，女性的长处在于存在。男性的价值由他做了什么而定，女性的价值则要看她"是"什么。

尤其是女性吸引男性之处完全在于她这个人，而不在于她所做的事。因此，女性对于历史的重大影响并非以行动的形式发生，而是通过她安静的性格、纯粹的存在而发生。阳光不费力气就能发出光亮，而在它的照耀之下，万物焕发出各自的色彩。同样地，女性做她所做的事也毫不费力——表明她的存在、她发出的光亮。值得注意的是，比起妻子、女儿、姐妹具有功能性的特质，这种发光的特性在女性所有的身份中重复出现。各位认为母亲为孩子所做的是工作吗？妻子为丈夫所做的、姐妹为兄弟所做的也是工作吗？是什么造就了这个奇迹，让女性手中做出的所有事情不着痕迹地发生？女性的作为是不可思议的。看起来仿佛她根本没有插手干预生活，她的介入没有一丝勉强，不带一点蛮力。男人振臂作战，在世界各地进行大胆的探险，用石头垒砌宏伟的建筑，写作出书，发表言论，就连只是在思考的时候也无声地用力，消耗他的能量，仿佛他即将奋力一跃。女人除了动动双手之外什么也不做，而那与其说是动作，不如说是手势。在一个古罗马的墓中埋葬着一位生出最勇敢儿子的母亲的骨骸，而墓碑上除了姓名之外只有两个拉丁词——"demiseda""lanifica"，意思是"她待在家中纺纱"，如此而已。通过这块墓碑，我们却仿佛看见这位德高望重的妇人安详地蹲坐在门槛上，用修长的手指整理白色的羊毛。

女性的影响是无形的，它无所不在。这个影响不像男性的影响那么嘈杂，它是静态的，如同空气一般。在女性的秉性当中想必具有一种元素，像空气一样缓缓起作用。当我说男性是依其作为来衡量价值，女性是依其存在来衡量价值时，就是这个意思。

这也就可以解释为何女性的发展过程跟男性的发展过程性质不同。男性想在科学、艺术、政治、技术上精益求精，女性则使自己更加完美，变得越来越精致，要求越来越高。

要求越来越高！依我之见，这是女性在世间真正的使命：在使男性更加完美这件事上要求越来越高。男性接近女性，是为了博得她的青睐。他把自己的才能绑成花束，呈献给这位美丽的裁判。就算是平常不修边幅的男人在追求女人时，也会细心留意自己的外表，这一点正体现出女性让所有的男子负有洗涤内心的义务。这种对自己内心不自觉的检查和洗涤是男性使自己更加完美的第一步，使自己更加完美则是男性对女性所应尽的义务，事情就这样一步步发展下去。于是男人带着自己的特性走到女人面前，表明爱意，说出他想说的话，展示他的才能，捕捉那个表示接受或拒绝的眼神。他的每一个行动都会招来她谴责的表情或是奖励的微笑，结果是男人会自觉或不自觉地渐渐减少那些遭到排拒的行为，最后终于完全放弃，只维持获得赞同的行为，待有朝一日他完全成为另一个全新的人。女人什么也没做，就跟花丛里的蔷薇一样，顶多只是靠着转瞬即逝的手势散发出无形的香气，那些手势像一个无形的凿子一样落下，女人就这样把原始的男性塑造成新的男性。可以说女性在心中都有一幅想象出来的肖像，她让这幅肖像在每个靠近她的男子身上产生潜移默化的作用。而我认为事情就是如此：每个女人在内心深处都藏有一个男人的原始形象，只不过大多是不自觉的。女性的长处不在于"知"，而在于"感觉"。"知"意味着赋予事物意义与概念，这是男人的事。女性并不知道自己心中那个男人的原始形象是怎样的，可是她和男性交往时所感受到的好恶，就让她发现自己心中不自觉所怀有的理想形象。唯有这样才能解释一个事实（在此我并不打算深入探讨），即凡是真正的爱情都是以"一见钟情"的方式出现，尤其是女子的爱情。慢慢变成的爱情不是爱情，毫无保留的爱情骤然出现，而且如此迅速，如此吸引人，让女人一感受到这份爱情就有天崩地裂的感觉。这个无法否认的现象只有一种解释，即女子心中想象的形象突然具体出现在她所遇见的男子身上。爱情早已经在等待，只需要被点燃。

绝大多数的男人活在空洞的言辞、承袭的理想与麻木接收的感觉当中。同样地，绝大多数的女子心中怀着一个极其普通的男子形象，一种在世上常见的样板。然而，如同世上有才华横溢的男子琢磨出新的思想、创造出新的艺术风格、制定出新的法律准则一样，世上也有才华横溢的女子，带有具备创造力的敏感，让一种新的理想男性在她们庄严的心中萌芽。这个理想的男性形象会对整个社会产生影响，如同一种至高无上的指令，作为一种典范和原型，从而让女性用对男性所具有的那种魔力来教育整个社会，提升整个社会。

也就是说，女性跟男性一样，具有的天赋因人而异。纯粹的女性特质是文化的一个基本层面，甚至还有些女性，有自己的才华和天赋，有自己的目标、胜利和失败。由于这种女性特有的文化，女性在历史上向来占有一席之地。

社会中若能有几十个女子懂得自我教育，使自己更加完善，直到她们成为完美的艺术品，犹如生活的音叉，怀有对更崇高未来的想象，她们对这个社会的贡献将远胜过所有的教育家和政治人物。有所要求的女性不会满足于正在流行的男性特质，她会希望男性具有新的美德，希望拒绝环绕在她身边的平庸事物，而在社会的高处制造出另一种风气。就跟自然界的情况一样，这种风气会引发"对空虚的恐惧"（Horror Vacui），于是很快就有新的现实去填满它：男性遵从另一种罗盘，他的大脑产生新的想法，他的心萌发新的抱负。他开展不曾有人开展过的活动，在人生中破浪前进。他的整个生命向上爬升，为了找到希望之乡，在彼处那名女子将带着胜利的喜悦迎接他，和他展开历史上一个新的春天，一整个新的生命——"新生"！

敬爱的女士，我在兜了这么一个圈子之后，又忠实地回到我的出发点。我所说的一切不过是在评论但丁年少时的经历，他把这段经历写在第一本书里，永远地保存下来。《新生》的故事讲述了那个佛罗伦萨少女的三四个神情，是但丁远远地捕捉到的。一个表达赞许和问候的微笑，或是表示拒绝的沉默，如此而已。但丁的人生从此就由这个少女的微笑所指引，如同船夫在茫茫大海上循着闪亮的星辰来确立航向，一个新的时代也随之展开。

写作《神曲·天堂篇》的诗人没有自行追求完美，而认为从贝雅特丽齐的脸上读出追求完美的法则比较可靠。因此他说：

> 贝雅特丽齐站在那里，凝视着永恒的天空，
>
> 我的双眼则避开天空，凝视着她。

这就是那个秘密的过程，隐藏在历史的表层之下一再重演。歌德在《浮士德》（*Faust*）中通过神秘的合唱如此歌颂着：

> 永恒的女性
>
> 引领我们向上

荣光的圣母在这之前对葛丽卿所说的也是相同的意思：来吧！往更高处飞升。

在科学艺术作品中，总是发生在一种情况下，即当他通过女性心灵的媒介望向无穷时，女性的心灵像水晶一般反射出每个世纪的具体理想。因此诗人雪莱能对爱人这样说："爱人，你是我比较好的自己。"

男性通过工作所创造的一切进步仅碰触到生命核心的表层。相反地，女性所促成的进步要更为崇高，涉及生命本身，萌发新的可能。因此，当最优秀的男子进入杰出女子的生活圈，他们才会充满那种无尽的渴望与炙热的幻想。如果我们对书籍、绘画、法律中的一切追根究底，就会发现其中都有一个女子的浓浓身影。这与平凡的风流韵事无关，而是涉及至高的感动，如同女祭司狄奥提玛（Diotima）在曼提尼亚（Mantinea）冷冷的黄昏里让苏格拉底体会到的那种感动一样。那是对尽善尽美的渴望，当杰出男性看见杰出女性时，那种渴望便在他心中爆发。

个人跟民族一样，其特质通过理想要比通过现实更能表现出来。我们心中所想能否达成，与运气有关，但是"想"这件事就只取决于我们的心。因此，一个民族中较高尚的女性预示着该民族潜在的天赋。不论何时何地，永恒的女性像星辰一样位于顶端，预先投射出民族的将来。

　　敬爱的女士，在我离开阿根廷前有幸遇见你和你的友人，至今已经过了八年。你们让我留下深刻的印象，这印象始终如在眼前，你们是一群出自年轻国家的模范女性。我在你们身上发现追求完美的渴望、高尚的品位，以及对所有庄严努力的尊重，以至于我们之间的每一段谈话都深深震撼我的心灵。在经过千番筛选的古老文化中会出现卓越的女性，这可以理解，尽管也不见得经常发生。尼采把完美的女性称为比完美的男性更高尚的人类，因此也更少出现。而一个正在形成的年轻民族能够培养出这样的人物，其中蕴含大自然的秘密，值得我们深思。当古老文化孕育出这般人物时，他们可说是最终的结果。然而年轻的民族从内在过剩的丰饶创造出模范人物，其用意在于作为典范，同时也是使民族趋于完善的推手。你和女性友人在一个伟大民族的春天里在我面前绽放，让我有了这些关于女性对历史之影响的想法。它们与但丁的经验相符，也决定了我表达出来的时机。我怀着敬重和感谢将这些想法献给你。

　　我不知道你所生活的社会是否能够了解你身上令人欣赏的典范。阿根廷的使命不就在于走上一条与美国人不同的道路，好让美洲这两块大陆能达到平衡吗？既然北美洲的美国耽溺于对"量"的崇拜，那么阿根廷民族偏好"质"，决定创造出一种更优越的男性，自然是很合理的。我不怀疑这个天意，因为我在你身上可以说看见了南半球的蒙娜丽莎。

敬爱的女士，为什么你这么讨人喜欢？为什么你用每一句话把我们提升得更高？在书中你个人的想法隐而未言的部分胜过说出来的，在但丁的伟大之前感到拘束是合理的，有谁比你更了解他？当你带领着我们探索但丁的作品，你令我们意识到的问题多过你自己解答的问题。我们期待你再写一本书，不仅包含着问题，也包含了答案。别忘了，那位诗人以众人之名祈求：

在言说与沉默之中，我都期待

你来告诉我何时与如何——

敬爱的女士，这趟郊游很迷人，美中不足在于你通过充满灵性的吸引力带领我们到无边的高处之后，就这样离开我们。我们除了往下走之外还能怎么办？至少我个人限于自身能力，只能着手写一篇文章，题目会是《从贝雅特丽齐到弗朗西丝卡[1]》，讨论下降。这样的例子并不罕见。

---

1. 弗朗西丝卡（Francesca）是但丁《神曲·地狱篇》中提及的历史人物，她的婚姻是一桩政治婚姻，后来她与小叔一起阅读《兰斯洛特》的恋爱故事而与小叔坠入情网，遭丈夫所杀。

我们可以回想一下，为了赢得一个女人的两趟最伟大的旅程是朝着相反的方向进行的。但丁为了找到贝雅特丽齐而爬上九重天，希腊神话中的奥菲斯却吹着笛子走下冥府去寻觅尤丽狄丝。

我承认，虽然我喜欢与但丁同行，而且从不羞于向他学习，但我仍觉得他的教导有失偏颇。他所采取的立场在情感的发展过程中绝不可能意味着终点。当然，努力获取在那之前所没有的精神爱情是必要的，可是在获得之后，我们必须再度将之与身体结合。我认为这个时代的任务就在于把情感身体化，把身体跟心灵融合在一起。

一种二元论影响了但丁和他那个时代。但丁对世间的事物比其他任何人都看得更清楚。他的感官对世界大大敞开，迅速而且敏锐。一种对生活的极端饥渴折磨着他。他绝对不是个影子，不管他走到哪里，都能"打动他所碰触之物"。他逃到虚构的故事里是为了找到一个立足点，从那里来好好观察尘世这出戏剧。在跨越今世的边界时，他没有忘记自己所拥有的尘世欲望，通过他犀利的诗句，我们听见来自非洲的热风在呼啸。但丁的《神曲》主要是由回忆录构成。

不过，与这种尘世的热情相违，歌德式的风格也在但丁身上大肆彰显，表现于酗酒和逃离世界的倾向。我们在这位诗人身上还发现了一丝理性主义，这在之后的文艺复兴时期及整个近代逐渐居于统治地位，而我们的时代总算准备要超越这个想用概念取代生活的理性主义。但丁的时代很熟悉各式各样的幻觉，那是寻找圣杯的时代，在十字军东征的幻想中精疲力竭的时代。十字军的幻想不健康且违反自然，从著名的儿童十字军即可看出。那个时代的人活在亚瑟王和巫师梅林的影响之下。

敬爱的女士，我的意思是我们必须创造出一种新的健康形态。但只要身体不被允许跟心灵居于平等的地位，就不可能达到这一点。在心灵里的生活，再容易不过，因为那是想象的。尼采曾说要"做"什么很容易，要"是"什么很难。身体是对心灵的一种要求，它要实现自己，而且不仅于此：身体才是心灵的现实。敬爱的女士，少了你的手势，我就无从得知你美好心灵的神秘。

当世人断然把身体和心灵区分开来，便是以不良的方式对概念抽象化，仿佛两者可以分开来思考似的。身体跟矿物不一样，它不只是物质，而是血肉，而血肉既能感受也能表达。一只手、一张脸颊、一片嘴唇总是在"诉说"着什么，是原始的手势，是心灵的外壳，是我们称之为心理的内在力量的表现。敬爱的女士，身体是神圣的，因为它肩负至高无上的使命：它象征着心灵。

为什么要鄙视尘世？就连苦行者佩德罗·达米安（Pedro Damian）在天堂里也没有忘记斋戒油，好让他赢得天国：

> 我为了服侍上帝而强身健体，
> 在只食用橄榄油之时，
> 轻松度过寒霜与炎热，
> 在平静的思绪中心满意足。

何况在彼世，那些灵魂拼命朝但丁簇拥而来，有如昆虫围绕着灯光一样，只为了至少能从他的嘴中啜饮到一滴生命？只为了得知一点来自尘世的气息？……

敬爱的女士，但愿这不是你最后一次带领我们领悟崇高的事物。敬爱的女士，请继续赠予我们你的声音。这个时代感受到普遍的死亡征兆，整个世界都奄奄一息，浸浴在秋天临终挣扎的色彩中。太阳即将沉落，已经触及坟墓冷绿的边缘，而最后一道微光还闪烁着……

> 太阳西下，黑夜将至：
> 不要停住，不，加快脚步，
> 趁着西方的天色尚未变暗。

观桑提拉纳公爵夫人
之肖像有感

女性外表看似戏剧化，
却压抑真实的内心；
男性则是内心戏剧化。
女性上剧院，
男性则带着剧院走，
他是自己人生的剧团经理。

爱是什么
Estudios Sobre El
Amor

画家因格勒斯（Jorge Ingles）于 15 世纪中期为桑提拉纳公爵夫人（Marques de Santillana）所绘之肖像呈现出值得玩味的矛盾。乍看之下，这幅画画的是一个宁静的地方，隐约弥漫着焚香的气味。可是在画前停留得久一点，就会发现画中萌发的不安，感觉到一丝属于尘世的风从小教堂的拱形窗户和门中吹进来，以温柔的热情围绕着这位女士纤细的头部。

就连画中所使用的技巧也犹豫不决，两种绘画风格在艺术家手中交战，胜负未决。北方的佛兰德斯画派和南方的意大利画派你来我往地在这幅画的每一个角落交手，宛如荷马史诗中交战的赫克托耳（Hektor）和狄俄墨得斯（Diomedes）。画笔运用方式的摇摆不定只是一种征兆，预示着一场更严肃的争斗，从画家的用意到所画人物的本质，整件作品都被卷入其中。在这幅画上，歌德式风格与文艺复兴近身搏斗，前者代表着中古时期和禁欲，后者意味着一个新时代的开始，意味着尘世胜过来世。

画中女士的姿势在中古时期的绘画中很常见：她在祈
祷。然而，让我们看得仔细一点！这双手想要抓住天空。
是什么拦住了这双手？为什么这双手在半空中颤抖，有如
迷途鸽子的双翼？我们无法得知。人类的手势的意义在本
质上就极为模棱两可，当这位女士举起交叠的双手时，我
们无法确定她是沉浸于祷告之中，还是将要投身大海。同
一个手势可以伴随两种截然对立的行为。桑提拉纳公爵夫
人举起双手做出祈祷的姿势，但她没有忘记在每一根手指
戴上华丽的戒指，那是些细细的指环，分别镶着红宝石、
石榴石、紫水晶和蓝宝石。

从公爵夫人的华服那细腻的褶中流露出爱情宫廷的
芬芳。

她的丈夫是个受人喜爱的诗人，属于文艺复兴时期西
班牙最生气蓬勃的人物，就跟但丁和彼特拉克一样，继承
了普罗旺斯宫廷抒情诗的传统。也许正因为如此，这位女
士的身影让我们想起普罗旺斯的城堡，在 12 世纪时，在那
些城堡里，以骑士礼节之名，对人类最美好本能的崇拜悄
悄进入了笃信宗教的社会。

这种温柔的张力在画中凝聚于公爵夫人可爱的头部，
她的头部具有独特的表现力，胜过那副不自然的头饰，掩

盖了画家的不足之处。那张小脸多么妩媚，像草地上的一
朵花在风中摇曳，尽管画家资质中等的手在那张脸上画了
一双不够逼真的眼睛。她的脸部轮廓缺少一般所公认的匀
称之美，但表现出细致、高贵的线条，足以与心智相称。

　　一些女子的脸孔可以流露出她们的生活方式，而这些
可作为我们的行为准则和判断标准。当歌德厌倦了德国的
生活后，他前往意大利旅行，去寻找一种更令人满意的生
活方式，他正在写他的《伊菲格尼亚在陶里斯》（Iphigenie
en Tauride）。在行经博洛尼亚时，他在拉斐尔所绘的一幅
《圣女亚加大》前驻足。歌德在日记中写道："艺术家赋
予她一种健康而沉稳的处女气质，但并不冷淡，也不粗糙。
我把这个形象牢牢记住，我将在心中把我的《伊菲格尼亚
在陶里斯》朗诵给她听，我将不会让我的女主角说出这个
圣女不会说出的话。"在歌德身上，文学作品与他的个人
生活密不可分，凡事不容易满足的大文豪的一番话意味着
他在拉斐尔的画作前检视自己心灵的轮廓，按照闪耀在那
张少女脸孔中的形象来塑造自己的心灵。

　　对因格勒斯的这幅作品我们无法有这么高的期待，
但一种可能的、更高的存在于此画中萌芽。如果使其继续
发展，它能教导我们一些事，而我们就住在瓜达拉马山
（Guadarrama）斜坡上，这也是桑提拉纳公爵夫人当年所

住的地方。一阵贵族生命力的风正从这位娇小的女士身上吹过，摇撼着她。

当然，我并不怀疑这位女士祈祷的虔诚，但是当我试着去了解她头部与双手的姿势时，眼前不由得浮现鹿的姿态，它从树林的暗影中听见远方打猎的第一声号角响起，响彻整座树林。一声狂热的呼唤——谁也不知道呼声从何而来——击中了公爵夫人的心。她跪在这里的模样不是好像正迎向一份热烈的情感吗？她已经听见梦中那名骑士的马蹄声及本能之犬的吠叫。一种谜样的逃离冲动在这位女士的心中苏醒，眼看她就要投身永恒的追猎之中。在追猎中，野生动物的任务是逃离，让猎人和猎犬卷入追捕的旋涡中。因此，女性通过恐惧与逃离的姿态助长了热情的激发。

这幅画是如此女性化，以至于乍看之下骗过了我们。匆匆一瞥，它让人想起一个寂静、与世隔绝的地方，洋溢着祈祷的安详。在祈祷用的矮凳上，如同在一艘神秘的小舟上，一颗心漂向一个正在虔诚沉思的女子。

最为女性化的表现莫过于提供两种截然不同的样貌：一种是展示给匆匆经过的人，另一种则是给凝神细看的人。若想认识一个女子，必须留在她身边，跟她"调情"。要了解女人没有别的办法，就跟研究电气必须做实验一样。调情始于驻足停留，通过停留，匆匆经过之人开始问问题，展开一段私下的交谈。当斐迪南·拉萨尔[1]打算结婚时，他谐仿黑格尔的用语写信告诉朋友："我打算让自己在一个女子身边个体化。"的确，女性只会对那个"在她身边个体化"的男子显露出她的第二张脸，她真实而独特的脸，当那名男子不再只是个男子，不再只是过客，不再只是张三李四。

这件事就跟其他的事情一样，女性的心理和男性的正好对立。男性的心灵主要是活在与集体工作有关的事物上，例如科学、艺术、政治、商业。这使得男人成了有点戏剧化的生物，把身上最好、最独特、最个人化的部分呈献给无名的大众。群众阅读他们所写的文章，赞美他们的诗句，在选举中投票给他们，或是购买他们的商品。作家是这种牺牲奉献中最极端的形式，因为他跟无名的读者要比跟他最亲近的朋友还要亲近。男人靠着观众而活，因此也就为了观众而活，被命运逼向那种屈从的奴性。

相反地，女性的生命包含着尊贵的态度。她的幸福不依靠世人的赞许，她不让生命中最重要的事物屈服于世人的赞同或排斥。正好相反，她采取的态度比较接近观众的态度。她接受或拒绝追求她的男子，在许多男子之中对其

---

1. 斐迪南·拉萨尔（Ferdinand Lassalle，1825—1864），德国社会主义者，工人政党领袖。

中一个另眼相看，挑选了他，让获得她青睐的男子觉得这就像一种奖赏。

　　和男性相比，每个女人都有点像个公主，她活出自己，为自己而活。她只以一种非个人的传统面具面对观众，就算这面具被塑造成不同的模样。她在一切事物上追随时尚，喜欢使用俗话和接收而来的看法。她喜欢衣服、首饰和化妆，或许有人会以此来反驳我的看法，但依我之见，这不但没有推翻我的说法，反而证实了它。女性的虚荣要比男性的虚荣明显，正是因为她注重表面的事物：她在生活的这个表层生存、死亡，但是通常不会损害女性的真实内在。证据在于，我们固然难以想象少了这一切虚荣的女性会是怎样，但这种虚荣并无法让我们推断出她真实的性格。要从外表推断男性的真实性格却是可能的。男性的虚荣不那么显而易见，却比较深。假如才华或是政治影响力就跟美丽一样显现在脸上，那么跟大多数男子的相处会变得令人难以忍受。幸好这些优点并非由静止的特质，而是由行动与决定所构成，它们需要时间和力量来执行，且必须予以完成，而不是用来展示。

　　男性和女性与周围环境的关系差异如此之大，以至于他们表现出相反的姿态。女性越是挖空心思地在众人面前呈现自己，她在自己真实性格四周筑起的墙就越高。她越是努力把自己包围起来，那些自觉无法得到她青睐的男子数目就越多，他们知道自己只有远远旁观的份。女性把那些奢华和典雅、精美的服装与房屋放在自己跟其他人之间，在某种程度上是为了掩盖她内在的本质，使其变得更神秘、更遥远，更无法触及。相反地，男性则把自己身上最珍视的部分呈献给大众，即他内心深处最大的骄傲、他认真投入的所有工作、他一切的努力。女性外表看似戏剧化，却压抑真实的内心；男性则是内心戏剧化。女性上剧院，男性则带着剧院走，他是自己人生的剧团经理。

我认为一般的两性心理学不太强调此种极端差异。它与两种相对的本能有关：在男性身上有一种展示的本能。他必须在所有人眼中呈现原本的自我，否则他就觉得自己仿佛并不是自己。因此他有坦白的冲动，想要证明他最深处的本质。男性倾向于把自己的内在表达出来，仿佛唯有在表达出来时他的内在才有了完全的真实性。这种倾向有时候会变质，有些男性满足于把事物说出来就好，哪怕这些事物是根本不存在的。许多男人除了他们所说的话之外别无内心生活，而他们的感觉只存在于言语之中。

相反地，女性有一种隐藏自己、遮蔽自己的本能。她的心灵仿佛背对着世界，隐藏了内心的情绪骚动。害羞的表情（参考达尔文和皮德里特 [1]）只是这种心灵贞洁的象征形式。严格说来，女性并非要保护她的身体不受男性目光的侵扰，而是要保护她的想象和感受，关于男性对她身体所怀有的企图。女性比较容易羞涩，羞涩的程度也比较强烈，且都是出于同样的原因。羞涩之人害怕自己的想法和感觉被发现，一个人越是想将内心的某样东西保密，就越显得羞涩。

因此，说谎之人才会那样羞怯不安，仿佛害怕别人的眼睛会看穿他的谎言，揭穿他所隐瞒的真实用心。女性活在持续的羞涩之中，因为她总是在隐瞒自己。15 岁的少女拥有的秘密通常比老人更多，而 30 岁的女人与国家元首相比可能守护着更危险的机密。

拥有一种属于自己、与世隔绝、秘而不宣的生活，统治着一个内心的国度，不让任何人进入，这就是女性胜过男性之处。女性天生的"高雅"即源于此，那种无法触及的细致羽毛，维持着她与别人之间的距离。因为如同尼采所说，"高雅"主要是人与人之间"一种距离的激情"。因此，女性彼此之间的友谊不如男性的那么亲密。她们很清楚不能告知对方自己的生活从哪里开始，而对方也无法

1.西奥多·皮德里特（Theodor Piderit, 1826—1912），德国作家，以有关面相学的著作知名。

告知他们的生活在哪里结束。

也就是说，女性真实的生命被遮蔽着，在看不见的情况下进行，通过表面上的女性特质来保护，不让众人瞧见，女性勤于筑起这种表面的女性特质，以便拿来当成面具和盔甲使用。我认为凡是完全个体化的生命必须从自身分离出一种虚构的性格，像一层皮肤一样，阻挡并引开较卑劣之人具有敌意的好奇，以便在这层保护背后自由地做自己。可是在男性身上，只有在少数例外的情形下才会发生，这在女性身上却是根本的特质。

男性往往会忘记女性心灵这种根本上的封闭特质，因此在跟女性相处时一再感到惊奇。初次看见一个女子时，他觉得这个温柔、纤巧、轻盈的人儿，这个全然矜持、随时准备逃开的人儿不可能会有激情。如果神圣意味着在生活上飘过，且没有被生活刻上印记，那么每个初见的女人都像个圣女。然而事实正好相反，这个几乎不属于尘世的人儿只是在等待机会投身激情的旋涡，如此狂热、坚决和勇敢，不在乎所有难堪的后果，以至于最有决心的男子也瞠乎其后，不得不惭愧地发现自己是个斤斤计较且功利的人，精于算计又优柔寡断。

不过，要让女性深刻而个人化的一面显现出来，那个男子必须从众多男人之中脱颖而出，不管是基于什么原因，他要成为凸显在她面前的个体。妓女令人憎厌之处在于她违反了女性的天性，而把她的秘密本质在众多的无名男子面前呈现出来，那原本只该向被挑选的男子揭露。这是对女性特质的否认，程度之深，使得心思敏感的男性对妓女有一种本能的反感，仿佛她们尽管有着女性的形体，里面却住着一个男性的心灵。相反地，像唐璜这种"典型"懂得女人的男人，特别容易被最贞洁的女子吸引，那种远离尘世的女子，在女性形态学中与妓女正好完全相反，所以唐璜喜欢修女。

通过"调情"，男子从观众和路人甲的角色转而和女子建立起属于个人的关系。调情始于一种邀请，让彼此"到旁边去"，进行秘密的心灵沟通。因此，其关键在于一个手势，或是一句话，能掀开女性的传统面具和佯装出来的性格，轻叩另外那扇较为隐秘的性格之门。然后，如同从云间露脸的太阳一般，她原本遮掩的本质会被照亮，在这个男子面前摘下她戴着展示给别人看的面具。女子心灵被揭露的这一瞬间，那个表面存在距离感的女子转化为真实、独特的女子，这个过程就好比冲洗底片，为心灵带来微妙的喜悦。庸俗的心理学认为唐璜的恶习在于粗糙的肉欲，但事实正好相反，历史人物若具有适合形成唐璜性格的特质者，那么其与众不同之处将在于对性爱欢愉异常冷淡。唐璜陶醉于一次又一次地目睹女子这种迷人的转变，当毛毛虫为了一个男子蜕变成一只蝴蝶时，那一瞬是多么美丽而庄严。这一幕一旦结束，他又冷漠而轻蔑地噘起嘴，转向另一位新的姑娘，哪怕那只蝴蝶被阳光灼伤了刚长出来的翅膀。

因格勒斯在这幅画中捕捉到桑提拉纳公爵夫人的轮廓，让我有了这些感想。因为第一眼望去，看见的是一位专心祈祷的女士，沉浸在宁静、远离尘世的虔诚气氛中，犹如天使一般。可是如果看得更近一点，那只永远陶醉于爱中的飞蛾就从画中飞出来在我们眼前翩翩起舞。

莎乐美所代表的女性类型

现实的每一种类型都含有极端的特例，

在这些特例中，

此一类型似乎以一种奇怪的方式推翻了自己，

成为自己的反面。

这是一种边界现象，

仿佛同时归属于两个相邻的领域……

在女性的形态学中，最值得注意的人物也许莫过于朱迪斯和莎乐美（Salome）。她们都带着两颗脑袋：一颗是她们自己的，另一颗是被她们砍下来的。

现实的每一种类型都含有极端的特例，在这些特例中，此一类型似乎以一种奇怪的方式推翻了自己，成为自己的反面。这是一种边界现象，仿佛同时归属于两个相邻的领域，一如有些动物近似于植物，而有些化学物质几乎是有生命的原生质，就跟一切位于边界的极端情况一样，具有模棱两可的性质。因此，很难说身体表面结束之处是属于身体还是属于包围着它的空间。

如果认真思考，不流于逸事遗闻和随兴的案例收集，就会发现女性的本质在一个事实中彰显，即她认为自己的命运在献身给另一个人时得到完全的实现。女性所做的其他一切，她所有的本质都具有一种附带、衍生而出的性质。男性的原始本能则驱使他去占有另一个人，和女性的本质正好相反。因此，在男女之间存在着一种预先建立的和谐：女性的生活是献身，男性的生活则是征服，这两种命运正好相反相成。

当男性与女性的原始本能中出现了偏离与交错，冲突就会产生。因为真实的男人和女人不见得总是完全而纯粹地体现出其性别。我们把人类划分为男性和女性，这显然不够精确，现实在这两极之间还有无数个中间地带。生物学证明身体的性别在胚胎时期尚未形成，胚胎细胞有可能经历性别的转换。每一个人都呈现出一种特别的组合，两种性别都在其中，"完全"的男人或是"完全"的女人根本很少出现。而在心灵的领域，这种现象要比在身体的领域更为明显。男性与女性的原则，中国哲人所说的阴与阳，似乎在一点一滴地争夺心灵，在心灵中占据种种不同的比例，成为种种不同的男性与女性类型。

因此，朱迪斯和莎乐美是最令人吃惊的两种变异体，因为她们是最荒谬、最矛盾的女性类型：猛兽型的女性。

谈这两个人物必须有足够的篇幅才说得清楚，现在我必须把范围缩小，只针对莎乐美这种类型的女性做个简短的描述。

像莎乐美这样的女子只会生长在社会的顶层。她是巴勒斯坦一个被宠坏的公主，闲散无事，若出生在今天，她

可能是银行家或石油大亨的女儿。重要的是她成长于一个
有无限权力的环境中，以至于在她的心里，那条区分现实
与想象的界线并不存在。她所有的愿望都能实现，而她不
想要的东西就会从她身边被移除。莎乐美最根本的特征就
在于她想要什么都能得到，这一特征是解开她心灵运作方
式的钥匙。对她来说，要求就等于实现，平常人为了实现
愿望所需要的所有能力在她的心灵中都萎缩了。她全部的
能量涌入想象的涡轮，让她心中充满渴望，充满梦境与神
话般的人物。单单这一点就已经扭曲了女性的特质，因为
女性通常不像男性那样具有想象力，因此比较容易适应现
实中遭受的命运。男性愿望的目标多半是他想象力的产物，
在现实之中尚未存在；相反地，女性愿望的目标则是她在
现实中发现的东西。因此，在爱情的领域，男性往往跟法
国作家夏多布里昂一样，预先想象出一个假想的爱情对象，
一个不真实的女性形象，向她献上他的热情。对女性来说，
这种情况极为罕见，而且并非偶然，因为缺乏想象力是女
性心灵的特质。

　　莎乐美就跟男人一样充满想象力，由于她的梦想是她
生活中最真实、最重要的一部分，她的女性特质就被扭曲
成男性化。再加上传说中特别强调她仍是处子之身，过度
注重身体上的处子状态，过于想要延长此一状态，往往会

让女性呈现出男性的特质。马拉美[1]认为莎乐美冷感，他的看法没有错。跳舞的莎乐美肌肉结实而有弹性，犹如杂技演员般灵活，身上的金银珠宝闪闪发光，给人"完好无损的爬虫动物"的印象。

假如没有献身给另一个人的欲望，莎乐美就不是个女人，但是身为充满想象力又冷感的女人，她献身于一个魅影，一个她自己创造出来的梦中影像。于是她的整个女性特质在想象中消失。

然而，由于她的爱情属于妄想，莎乐美终须面对想象与现实的差别。她大权在握的父王无法创造出一个男子，能符合莎乐美大胆的小脑袋中的想象。这个情况一再重演，凡是像莎乐美这样的女子在富裕之中都过着闷闷不乐的生活，内心充满愤恨。她缺少坚强的内心来维系她的想象世界，她用梦中形象不真实的轮廓来检视那些从她身边经过的男人，就像替洋娃娃试穿衣裳。

终于有一天，莎乐美认为她找到了心中理想男子在人间的化身。别问她何以这么认为！也许那只是一种替代物，她心中的理想形象跟这个人称"施洗者圣约翰"的有血有肉的男子，两者之间相符之处其实少之又少。施洗者圣约

---

1. 斯特芳·马拉美（Stephane Mallarme，1842—1898），法国象征主义诗人和散文家。

翰跟她的梦想相同之处只在于他跟别的男人不一样。像莎乐美这样的女子总是在寻找一个完全与众不同的男子，以至于这个男子几乎属于另一种未知的性别，这是女性特质被扭曲的另一个征兆。施洗者圣约翰是个不修边幅的疯狂小伙子，在沙漠里大声喊叫，宣扬一种以水医疗的宗教。莎乐美的运气不会比这更糟了。施洗者圣约翰是个文人，是个宗教徒，跟吸引女人的唐璜正好相反。

就像一种会产生爆炸的化学反应，这个悲剧不可避免地发展下去。

莎乐美爱着她的梦中幻影，她献身给这个幻影，而非施洗者圣约翰。对她而言，施洗者圣约翰只是个工具，赋予她梦中幻影的一具形体。对于这个不修边幅的男子，莎乐美感觉到的不是爱情，而是一种被他所爱的渴望。她具有的男性特质不可避免地导致她在爱情关系中的行为像个男人，因为男性所感受到的爱情主要是种被爱的强烈欲望，而女性则先是感觉到自己的爱，那股从她自身冒出来朝着所爱之人流去的暖流，把她推向所爱的男子。被爱的欲望在女性的感受中是一种结果，居于次要地位。别忘了，一般女性跟扑向猎物的猛兽正好相反，她是把自己主动投向那头猛兽的猎物。

莎乐美并不爱施洗者圣约翰，却需要他的爱，必须占有他的人。为了满足这种属于男性的渴望，她展开了男性常用的狂暴行径，强行把自己的意志加诸周遭环境。这就是为什么其他女子手里拿着百合花，莎乐美有如大理石般的修长手指却提着一个砍下来的脑袋，这是她珍贵的猎物。踩着有韵律的步伐，摆动着身体，一张希伯来人的黝黑面容，莎乐美就这样在传说中走过，她僵硬的头上两眼呆滞，她的心灵就跟一只老鹰一样掠夺成性……

　　不过，公主莎乐美和知识分子施洗者圣约翰之间悲剧性的故事太过冗长，也太过错综复杂，我只能说到这里。

画框随想

如果我看着这面灰色的墙，
我等于是被迫面对生活实际的一面；
如果我看着那幅画，
我就进入一个想象的王国……
墙和画是两个相反的世界，
彼此之间没有关联。
心智从现实跃入非现实，
宛如从清醒跃入梦境。

爱是什么
Estudios Sobre El
Amor

寻找一个题目

我坐在其中写作的这个房间只有寥寥几样东西，但包含了两张大照片和一小幅画，在我疲倦、生病或被迫休息的时候格外吸引我的目光。那两张照片挂在相对的两面墙上彼此对望，一张是马德里的普拉多（Prado）博物馆所收藏的《蒙娜丽莎》[1]，另一张则是肖像画《手抚胸膛的贵族男人》，由移居至古都托莱多（Toledo）的希腊画家埃尔·格列柯[2]所画。画中无名男子的脸流露出突发的热情，想通过手的重量来压抑住一颗长期过度兴奋的心，同时用激动的双眼打量着这个世界。带有白色花边的衣领发出乳白色的

---

1. 这是达·芬奇弟子仿作之《蒙娜丽莎》，不同于卢浮宫收藏的那一幅。

2. 埃尔·格列柯（El Greco，约 1541—1614），西班牙文艺复兴时期画家、雕塑家与建筑师，原本是希腊人，后移居西班牙托莱多，终老于该地。El Greco 是西班牙人对他的昵称，意思就是"希腊人"。

光芒，尖尖的胡子似乎在颤动，金色的剑柄在黑色的衣服上闪烁，就在心脏下方，像跳动的脉搏。我一向认为这个人物符合唐璜的形象，只不过，是我心目中的唐璜，跟一般人所认为的唐璜稍有出入。另一方面，"蒙娜丽莎"修过的眉毛、富有弹性的肌理、那既像引诱又像逃避的暧昧微笑，对我来说是极端女性特质的象征。一如唐璜在女性面前意味着纯粹的男人——不是父亲，不是丈夫，不是兄弟，也不是儿子。蒙娜丽莎则是纯粹的女人，维持着她无敌的魅力。母亲、妻子、姐妹和女儿是女性特质的呈现，是女性而不是女人或还不是女人的时候所呈现出的形式。大多数的女性一生中几乎不曾有过纯粹只是女人的时刻，而男人也只在某些时刻是唐璜。如果我们把这些时刻延长，拉长到整个人生，就会得出唐璜这种类型的男人，或是"女唐璜"，也就是蒙娜丽莎所属的类型。因此，这两幅面对面挂在墙上的画可以互相匹配。让征服了所有女性的唐璜体会至高无上的经验，把他置于"女唐璜"的影响之下，这个实验会是多么诱人！会发生什么事呢？实验就在这个房间里进行。在黄昏时分，当最后一抹日光于房间一角与入侵的黑暗相对抗时，两幅画之间便产生了一种窸窣作响的能量交换。我不止一次以此为乐，竖耳倾听两幅画之间无声的对话、攻击和防卫，他们隔着房间的宽度向对方喷发情绪的火箭，有如放烟火一般。

我刚好要在一张纸上书写，是否能以此为主题来填满它呢？也许可以，不过有个反对意见冒了出来。这个关于爱情与痛苦的沉重主题不是一张纸能容纳的，要几十张才够，而我今天的心情只想写一张。

让我来找个比较简单的题目吧！例如挂在《手抚胸膛的贵族男人》左边的那幅小画。这是雷戈约斯[1]的一幅风景画，他是所有画家中最朴素的一位，是森林与原野的安吉利科修士[2]，安吉利科的作品看起来仿佛画家是跪着替每一颗甘蓝菜画肖像似的。画上是比达索阿河（Bidasoa）的一角，一片宁静的土地长满绿草，背景是法国隐隐约约的铅灰色群山，上方是轻飘飘的云朵。一条蜿蜒的河流，一个闪闪发亮的村庄，在落日余晖中闪着金光，还有一座再普通不过的桥梁，一列小火车从桥上匆匆驶过，是这片平和的宁静中唯一的匆忙之物。火车头的烟飘散在空中，那烟刚要消失，就又从烟囱之中再冒出来，直到无尽。这烟消失又重生的韵律赋予这幅画一种类似生命的脉动，把它留在不

1. 达里奥·德·雷戈约斯·瓦尔德斯（Dario de Regoyos Valdes，1857—1913），西班牙画家，被视为西班牙印象主义的代表人物。
2. 安吉利科修士（Fra Angelico，约1395—1455），意大利文艺复兴早期的画家。

朽的当下。

难道我不能将这幅小画所引发的感想写在一张纸上吗？可惜不能。针对这幅小画我轻轻松松就能写满好几张纸，但只写一张是办不到的。读者无法体会一个只想写单单一页的人的困境。世上的事物太过奇妙，针对再微小的事物也有太多话可说。如果任意截断一个主题的四肢，只把残留的躯干呈现给读者，那未免太难看了。

所以，让我来找一个比朴素画家的朴素画作还要朴素的题目吧，例如那幅画的镀金画框。不过，就算我把题目限制在画框上，显然还是只能点到为止。

画框、衣服和首饰

画作活在被画框围起来之处。画框与画之间的联结并非偶然，两者缺一不可。一幅没有画框的画看起来就像一个人遭到抢劫被剥光了衣服，画的内容从画布的四周流泻出去，在空气中蒸发。反过来说，画框也需要一幅画来填满，这种需求是如此强烈，以至于一个无画的画框往往把我们通过画框所看见的一切都转化成一幅画。

因此，画与画框之间存在的本质上的联系，不是偶然的。两者的关系属于生理的需要：一如神经系统运行能促进血液循环，而血液循环也能促进神经系统运行；一如身体努力要结束于脑袋，而脑袋则努力想附着在身体之上。

说到画框与画的共生，首先会拿衣服与身体的共生来对比，但这两种关系并不相同。画框并非画作的衣服，因为衣服遮盖了身体，而画框则把画作呈现出来。当然，衣服也常会让部分的身体露出来，可是那总会让我们觉得那件衣服有点轻率，似乎没有善尽职责，几乎是种过失。至少，被覆盖的身体部分与未覆盖的身体部分表面之间维持一定的比例，如果未覆盖的部分大过所覆盖的部分，那么这就不再是件衣服，而成了装饰品。因此，裸体的原始部族身上的腰带具有装饰性质，而不属于服装。

但是画框也并非装饰。人类最早的艺术行为就是装饰，而且主要是装饰自己的身体。在装饰品这种最早诞生的艺术中，可发现其他艺术的萌芽。而这种最早的艺术品单纯由两种自然物品结合而成，且是大自然中未被结合的。例如人类把一根鸟羽插在头上，把野生动物的一排牙齿挂在胸前，或是把一条由闪亮石头串成的手环绑在手腕上，这是多样而美妙的艺术。

印第安人之所以把色彩鲜艳的羽毛插在头上，是出于哪一种神秘的本能？毫无疑问，是想要吸引他人的注意力，在其他人面前强调自己的独特与优越。生物学证明了凸显自己与统治别人的天性要比自保的天性更原始。

　　那个聪明的印第安人心中隐隐觉得自己要比其他人更有价值，更像个男子汉。当他把羽毛装饰戴在头上，就替他心中的自信找到了表达的方式。这些彩色的羽毛并非供别人欣赏之用，而是具有宛如避雷针的作用，要把其他人的目光引到自己身上，然后让那些目光转移到这个佩戴羽毛的人身上。羽毛就像一个重音符号，而重音符号所强调的并非本身，而是在符号下方的那个字母。

　　凡是装饰品都保有原始部族额头上那个斜斜惊叹号的意义。这装饰品吸引了目光，却是为了将那目光转移到被装饰者身上。然而，画框并不会把目光吸引到自己身上。证据很简单：请各位回想自己最熟悉的画作，你们很快会发现自己想不起那些画框的样子。只有在木匠的工作坊里我们才会"看见"画框，也就是当画框卸下其功能的时候。

艺术之岛

　　画框本身并不会吸引目光，而是收集目光，同时把目光导向画作。不过，这并不是画框最主要的任务。

　　挂着雷戈约斯那幅画的墙壁不到六公尺长，画作只占了其中一小部分，尽管如此，它却向我呈现出一片可观的

比达索阿河风光：一条河、一座桥、一条铁路、一座村庄
和一大块起伏的山脊。那么一丁点的面积上怎么能够有这
么多东西？很显然，因为它是种不存在的存在。在描绘的
风景面前我不能表现出像在一片真实风景之前相同的行为。
那座桥事实上并不是桥，那股烟雾并不是烟雾，那些原野
也不是耕作过的田地。画中的一切都只是描摹，都只是一
种虚拟的存在。那幅画就跟诗歌、音乐和其他任何一种艺
术品一样，是一扇通往非现实的门，它通过魔法在我们的
现实世界中开启。

如果我看着这面灰色的墙，我等于是被迫面对生活实际
的一面；如果我看着那幅画，我就进入一个想象的王国，采取
纯粹静观的态度。也就是说，墙和画是两个相反的世界，彼此
之间没有关联。心智从现实跃入非现实，宛如从清醒跃入梦境。

艺术作品是一座想象的岛屿，被现实的海洋所包围。
要形成这样一座岛屿，就必须把审美的对象跟生活的介质
隔绝开来。我们无法从脚下的土地一步步走向描绘在画布
上的土地。更有甚者，日常用品与艺术品之间的界线若不
明确，会阻碍我们的审美享受。一幅画若是没有画框，画
跟周围那些不属于艺术的实用物品之间就没有清楚的界线，
画也就失去其诱惑力。真实的墙壁必须骤然结束，我们必
须骤然置身于艺术品想象的领域中。一种隔开真实与想象

的隔绝物有其必要，而画框就是这个隔绝物。

要把两件东西彼此隔绝开来，需要既非彼也非此的第三件东西，一个中立的物体。画框不是墙壁，只是我身边一件实用的东西；但画框也不是那幅画具有魔力的表面。和两个区域相邻，画框的作用是把一小片墙面中立化，发挥有如跳板的功能，把我们的注意力加速转移到那座美学岛屿上。

画框有点像窗户，一如窗户很像画框。一方面，画了图的画布是进入想象世界的洞口，穿透围墙沉默的现实，看进非现实的世界，而我们就通过画框这扇窗户朝里面望。另一方面，被一扇窗户框住的风景或城市景观仿佛从现实中被隔离出来，进入想象的世界。同样的情形也发生在被拱门框住的远方物体上。

金色画框

我们赋予画框的功能，其意义可由一件事实得到证实，即镀金画框几百年来取得的压倒性的胜利，胜过所有其他画框。如果想让自己暂时不再面对现实，最好的办法莫过于把一个跟自然物毫不相似的物体放到眼前，凡是自然物或多或少都会给我们带来实际的问题。在每一种造型中，不管是多么风格化的造型，都影射着引出该造型的真实对象。就连最单纯的几何图案，像是波纹或是涡卷形装饰，也保留着一种自然造型的回声，如同千年前捞起的古老贝壳仍旧轻哼着大西洋的浪涛。只有无造型的东西才能完全免于对现实的影射。

金色画框的盛行也许得归功于镀金漆特别适合产生光的反射。而反射是颜色，是光，不再带有任何物体的形式，是纯粹的颜色，没有形式。跟一件金属或玻璃物体的表面颜色不同，我们不把物体的光线反射归诸物体本身。反射既不属于反射之物，也不属于被反射之物，而属于两者之间，是一种没有物质形体的幽灵。基于这个原因，由于反射不是造型，也不属于任何东西，我们无法厘清自己对于反射的印象，而它往往令我们眼花目眩。

就这样，金色画框以刺猬皮一般的尖锐光线，在那幅画与真实的周围环境中嵌入了一条纯粹由光泽构成的皮带。金色画框的反射如同愤怒的小小匕首，不停切断我们不自觉地在非现实的画作与现实世界之间牵连的线。就好像站在天堂门口手持火剑的天使一样，那也是一种反射。

舞台框架

舞台框架像个括号一样敞开它巨大的深穴，准备好容纳不同于观众席中真实物件的事物。因此，舞台的框架越朴素越好。以一个巨大而荒谬的手势，舞台的框架意味着在舞台想象的空间上层开辟出另一个非真实的世界，幻象的世界，而舞台框架就是进入这个世界的关口。我们不该允许这张打哈欠的大嘴在我们面前张开是为了向我们谈论俗事，反刍观众心里惦念的事情；唯有当它向我们吐出梦境的白雾和童话的蓝烟，它才值得存在。

船难

本想只用一张纸来写画框，这个尝试一如预期地失败了。我得结束，却才站在开始的开端。接下来本应该谈谈如同女性脸孔之画框的帽子和面纱，但没办法，我必须放弃。其实还有一个有趣的问题，为什么在中国和日本，画作通常不加框？可是我如何能处理这个题目？它包含了远东与西方文化、亚洲心灵与欧洲心灵之间的对比。若想了解这点，就要先设法解释清楚，为什么中国人以南方来辨别方位，而不是跟欧洲人一样用北方；为什么中国人服丧时穿白衣，而欧洲人穿黑衣；这就像为什么中国人说"不"的时候，欧洲人却往往会说"是"一样。

主教出售教谕，

他做得对；

商人欺骗顾客，

生意同样做得很好；

不道德只发生在商人买卖教谕

而主教缺斤少两的时候。

高尔夫球场上之对话

——谈印度教中『法』之观念

在这个阳光灿烂的二月下午，几个朋友，有男有女，带我离开了平常从事的活动，把我拐到高尔夫球场的草地上。我们将在户外吃早餐，在阳光中，在橡树下，可以远眺蓝蒙蒙的山脉。

这些好心的朋友担心我的生活过得不怎么健康。他们成天都在户外锻炼身体，想到我关在房间里，身边弥漫着雪茄烟雾，跟户外风景之间的联系只限于书本的纸页与树木的叶片之间这层形而上的薄弱关联。我任由他们去说，享受隐居者被一群仙女和半人马族突袭的懒散幸福[1]。我一向喜欢潜入不同的世界，只要我确定自己能再从同一个洞口溜回原本的生活。于是当汽车轻快地摇晃，树木和房屋以令人眩晕的速度向后飞掠，我已准备好享受在高尔夫球场用早餐的乐趣。我看见一个穿着毛衣的半人马从灌木丛

---

1. 在这篇文章中作者用希腊神话中的人物来比喻那群青春男女，男子为半人马族，女子为仙女。

中冒出来,在他身后,一个棕发的仙女任由短发在风中飞扬,边走边把身上的紧身洋装拉好。不远处,雇来的小妖精慢步走过,拖着一个类似箭筒的东西,古老爱神象征的最后余绪,高尔夫球杆取代了爱神的箭置于筒中。风从山上吹来,树林在风中簌簌作响,松脂从五叶松的树干溢出,整片风景都浸浴在松脂的香气中。

毫无疑问,这地方被施了魔法,处于一种超凡脱俗的氛围中,还保留一切最美好、最神奇之物的精华,融合了几分乐园加上几分奥林匹斯山的气息。因为,上帝在上,一对在林间空地嬉戏的情侣让人想起尚未偷吃禁果的亚当和夏娃——就在偷吃禁果之前不久。从视线中一闪而过的青春女子仿佛狩猎女神黛安娜,不知道在追捕哪一种珍禽异兽。她什么也没留下,只在我脑海中留下对她灵活脚踝的印象,那玉足一碰到地面,随即跃起。这一切都悬在半空中,一个没有摩擦的世界,在梦境与现实之间,而最难以想象之处就在于那股让它飘浮在现实之上的魔力。英国大使馆的一位随员说得没错,他倚仗着英国舰队的势力脱口而出:"把马德里建在高尔夫球场附近其实是个好主意。"

在小木屋的露台上,餐桌已经摆好了。我坐在两个尊贵的仙女中间,对面是一个半人马,且是所有半人马中最亲切可爱的一位。我突然发觉自己明显属于另一个物种,没有他们优雅，没有他们讨人喜欢，跟这片风景有点不相称。这些男女由光和风所创造，没有丝毫重量，生来是为了在地球上轻快跳跃，不介入黑暗的事务。阳光照在我左侧那个仙女纤巧的小耳朵上，光线穿透，变得完全透明。太阳巨大的金盘得意扬扬地散发大束光芒，如此富饶，如此自信，把过剩的阳光倾泻而出，可见它是多么深信自己乃是用之不竭。在阳光下，一切都染上金色，尤其是刚刚端上桌的蛋饼，金黄的颜色是那样纯粹，让进食的胃口也变得贪婪。

"阳光真美。"一个仙女说，迷人地把手一挥，仿佛在展示一件古老的家传首饰。

"您怎么能够不见阳光地生活呢？"另一个仙女问。

"敬爱的小姐，因为我其实并没有在生活。"

"那您在做什么呢？"

"我看着别人生活。"

"可是，我的朋友，这像在殉道。"两个仙女当中比较多愁善感的那一个说，她披着金发，发色有如小提琴的弦，也跟琴弦一样轻巧得容易颤动。

"的确，旁观是一种殉道，因为殉道意味着见证。而我的确是证人，证明您活着，证明笼罩在阳光中的您此刻几乎是个完美的神话。证明您大衣的豹皮衣领是真的，真到让我懊恼自己没有携带弓箭，因为男人对打猎永远兴致勃勃，就算他是个殉道者也一样……

"我是证人，见证不止息的奇迹，那奇迹就是这个世界及世上的生物。身为证人并不可悲，如果没有人来见证其他事物的存在，那么他们就如同不曾存在。您看，这里所有的人，邻桌的客人、在洒满阳光的草地上来来去去打高尔夫球的人，他们全都忙着过自己的生活，没人注意到您可爱的脸庞慢慢没入从旁边那根柱子爬过来的暗影中。边缘的光线让人几乎辨识不出您暗下来的轮廓，您本是阳光之女，如同血统最纯正的印加帝国公主，现在您落败了，没入暗影之中。宛如船难的残骸，那飘逝的雾只向我们显现三种色调，而三种中的一种，重复了三次：您颈上所戴珍珠的白，您牙齿的白，和您眼睛的白。一种白增加了另一种白的纯净，融合成一段甜蜜而多余的旋律，尽管如此，它无疑是在地球这一角所发生的事情当中最为崇高的。假如我被囚禁在自己的生活中，就不可能注意到。但是身为证人，我完成自己崇高的使命，就此拯救了可爱而易逝的现实。我们全都保留住您落入暗影之中这个无法磨灭的记忆。荷马声称英雄的战斗与死亡只是为了让诗人歌咏，而我要说，艾莉西亚您之所以存在要感谢我为您做的见证。顺带一提，这阳光下的葡萄酒美味极了。"

"我看出您是个殷勤的绅士和好辩的殉道者，也不缺乏口才。我几乎要后悔刚才为了您过着没有阳光的生活而感到难过。"

"不开玩笑了。艾莉西亚，我得向您承认，直到昨天我也还不知道自己为什么放弃阳光。从昨天开始，我放弃阳光是为了要习惯它的消失。"

"为什么要习惯它的消失？"

"昨天我听说了英国物理学家金斯[1]刚发表的研究，他针对太阳系的起源提出了新的假说。根据这个假说，拉普拉斯[2]的理论是个错误，太阳系并非一团和平的云雾，当它慢慢凝固，行星就从中脱离出来。金斯认为太阳系是在两个含铁的物体撞击下形成的。撞击后，它们从彼此身上扯出一种炙热的纤维状物质，形状有点像个逗点，这个逗点开始自行在太空中滚动，随即分裂，剩下的残余就是太阳和其行星。这样的撞击每二十亿年就不可避免地会发生，换句话说，再过不了多久，地球就会撞上某处，而马德里的高尔夫球场就会消失。到时将是一片漆黑，既然及时得到警告，我现在就开始习惯这件事。"

---

1. 詹姆斯·霍普伍德·金斯（James Hopwood Jeans，1877—1946），英国数学家、物理学家、天文学家与科普作家。

2. 皮埃尔·西蒙·拉普拉斯（Pierre Simon de Laplace，1749—1827），法国数学家与天文学家。

"还要过多久呢？"有人问。

"整整十亿又两百零三年。"

此时打高尔夫球的男男女女朝我们走过来，大家都依照奥林匹斯山诸神的特权，亲昵地以"您"互相称呼。在高尔夫球场的魔法世界中，用一根杆子去击一颗球是最重要的活动，足以证明生命存在的正当性。

就在这一刻，坐在我对面那位善良的仙女好心地向我提出非同小可的建议："您应该成为俱乐部的会员，每天来打一场球。"

"不，我的朋友，我不能成为俱乐部的会员，每天来打高尔夫球。这种失足会给我带来千年的惩罚。"

"这话听起来像是对我们的严厉指责。"那个模范半人马说。

"一点也不是。如果你们不打球，那就跟我去打球一样犯了同样的罪过。在这两种情况下，我们都违反了自己的'法'（Dharma）。"

"好极了，'法'。"那个聪明绝顶的仙女说，随即把红宝石般的双唇浸入杯中红宝石般的葡萄酒中，阳光在勃艮第红酒中溶解。"在这个'法'背后肯定藏着一整套理论。那么请您说来听听吧，宁可现在就听，胜过以后再听！上前菜时您说了趣闻逸事，鱼上桌时您变得大胆而殷勤，

现在端来了肉，是实质而根本的东西，该谈谈'法'的理
论了。各位都得承认，这顿饭再完美不过了。"

"这其实不是个理论，只是一种揣测，一种古老的感
觉方式，已有三千年之久。亚洲大陆所有的古老智慧及对
于世界与生命的悠久经验都归纳其中。"

"您刚刚说到亚洲吗？"大胆的仙女打断了我，"我
最爱亚洲了，我的热忱属于亚洲大陆。在比亚里茨[1]我总是
读孔子，而我的心在佛陀与成吉思汗之间摆荡。"

"让我们暂且不去管您摆荡的心，艾莉西亚，如此美
妙的对象会引诱我们走得太远。我只是想用'法'这个概
念点出：如果我们把道德视为一套适用于所有人的义务与
禁令，那我们就错了。这样一套系统是种抽象概念，绝对
好或绝对坏的行为很少，也许根本没有一种行为存在绝对
的好坏。生活中充满了各式各样的情况，无法纳入唯一一
套道德的暗房中。各位都知道狄德罗[2]那篇《关于演员的是
非谈》（*Paradoxe sure comedien*），他似是而非的言论宣
称道德乃是职业罪过的总和。主教出售教谕，他做得对；
商人欺骗顾客，生意同样做得很好；不道德只发生在商人

---

1. 法国西南滨海城市，度假胜地。
2. 德尼·狄德罗（Denis Diderot，1713—1784），法国诗人与文
学批评家。

买卖教谕而主教缺斤少两的时候。在狄德罗夸张的玩笑背后藏着一个重要的真相。各位只要看看，每个阶层的人对于其他阶层的习俗是多么感到愤怒。例如，知识分子认为政治人物不道德，因为政治人物的言论模糊、不坦率、充满矛盾。知识分子的工作在于使用语言做出宣告，如果他写下文字或说出话来，优雅、清晰、合乎逻辑地表达出一个想法，他就尽到了责任。他并不关心想法的实现。相反地，政治人物的一切工作都在于执行，并不在于表达他的想法。也就是说，政治人物没有义务说出他的想法，把他内心深处的想法透露给大众，他并不是诗人。在社会各阶层之间同样存在着这种差异。对于小市民阶层的妇人来说，您这个高雅的女士就是个十足的魔鬼。小市民认为女人生来就是要待在家里，不能抽烟，她的道德只由戒律构成，而她最大的美德就是不去做戒律禁止她做的事。自古以来即是如此，罗马共和时期在许多女人的墓碑上，死者名字的后面刻着这样的赞美：她坐在家中纺纱。"

"我还不知道我这么不像罗马女人，"宛如来自船难童话里的那个仙女微笑着说，"在我看来，只把生活局限在那上头，才真是不道德到了极点。"

"没错。您在这世上的天职正好与此相反。您以同样神圣严肃的态度感觉到自己体内有一种召唤，召唤着您感到不安、勇于尝试、重新来过。我也不想成为那种典型的好市民，认为只要做好自己分内的事，维持心灵的平安就够了，如同法国诗人布瓦洛所说：活在一位小市民好母亲和平的家规之下。"

"我的朋友，现在您是在公然说别人的坏话了。"

"不，我并不要求小市民放弃他的道德，只要求他让我保有我自己的道德。各种极端不同之生命天职的并列就是印度教所说的'法'。在印度教里，所有的信仰教义和所有的哲学都能有一席之地，印度教不是教条主义，它只要求一件事：遵守仪式的规定。每个阶层都有被允许做的事和义务，一种需要顺应的'法'，因为这是世间至高律法的一部分。每个人可以在他的'法'之内达到圆满，而且也只能如此达到。僧侣有沉思与禁欲的道德，战士应该好战而残忍。众神本身也必须遵守严格的规范：他们的举止必须像个神，在逾越自己的'法'而进入另一个'法'时应受到禁止。违反了这个禁令，就会遭到无情的处罚，下辈子投生至比较低等的阶层。各位觉得这算不算是种严格的道德呢？自始以来，人类就被要求承担起其宗教义务，作为宇宙最后的真实，确保宇宙无法摧毁之存在。梵天向其余众神展示数量庞大的生活规范条目，以几万章的篇幅加以阐述，如同我们在流传下来的梵文史诗《摩诃婆罗多》

（Mahabharata）中所见。印度教并不认可单单一种道德的正确性，从而毁掉宇宙的丰富，而是接受并尊重世上美妙的多样化，在原则上容许有流氓和妓女存在的道德。相对而言，印度教不宽容每一种道德法规中最小的失足。一个极为虔诚的国王被处以沉重的地狱责罚，因为他在一个有利于受孕的夜晚忘了临幸他的嫔妃。我们无处可逃。那首古诗说得很美：如同小牛能在上千头母牛当中认出它的母亲，一度犯下的罪过将永远跟随着犯错之人。看吧，我的朋友，您的'法'是打高尔夫球，我的'法'则是言谈和写作。当我看见您年轻快活，穿着完美的服装，优雅地击球，您在我眼中就是个完美的生物，装点着万物，让万物感到自豪。可是如果我看见自己穿着同样的服装摆出同样的姿势，我自己都会觉得我违反了宇宙的美好秩序。"

"您是个拘泥于原则的人。"我所夸赞的半人马说。

"我认为正好相反。'法'的概念不正意味着道德中一种微妙的经验主义吗？我要捍卫的概念没有所谓中立的行为，在一个人身上是好的行为，在另一个人身上也许是坏的。在当代人的激情中，凡是关于道德的讨论往往都会令人窒息，希腊罗马时期以优雅的淡漠不谈道德——道德这个字眼多么令人沮丧！——而是恰如其分地说：做得体的事，做恰当的事。我们不妨把这种淡漠和当代的激情加以对照。我认为不仅是每个阶层，每个个体也有属于他个人恰当行为的规范，且不适用于其他人。"

不过这是徒劳……朋友们消失无踪，难道是我说的话把这群人给解散了吗？倒也不是，他们之所以溜走另有原因。高尔夫球局就跟天体的运作一样无情，在既定的时间各组人马准时组好队伍，友谊或是求知欲都留不住打球的人。露台上空荡荡的，只有一颗心摇摆不定的艾莉西亚留在我身边。

"可爱的仙女，您此刻所做的再亲切不过。您没有去打球，而宁愿跟我做伴，您为了我的'法'而牺牲了您的运动。"

"噢，其实是我昨天下车的时候把脚踝扭伤了，现在我没办法在球场上走动。"

"啊，原来如此。"

爱的面貌

爱情故事在男男女女之间发生，

热烈程度不一，

有无数的元素掺入其中，

使其进展错综复杂，

乃至于在多数情况下，

这些故事中什么都有，

唯独缺少根本意义上可称为"爱"的东西。

爱是什么
Estudios Sobre El
Amor

前　言

　　我要谈的是"爱"，但首先要谈的不是各式各样的爱情故事。爱情故事在男男女女之间发生，热烈程度不一，有无数的元素掺入其中，使其进展错综复杂，乃至于在多数情况下，这些故事中什么都有，唯独缺少根本意义上可称为"爱"的东西。针对情节曲折的爱情故事做心理分析也许能让我们有些体悟，但是如果不事先厘清"爱"最严谨、最纯粹的意义，这种分析可能会让我们对"爱"产生误解。另外，如果只把对"爱"的观察限于男女两性对彼此的感觉，等于是窄化了我们所要谈的主题。"爱"这个主题要宽广得多，但丁就认为爱足以移动日月星辰。

　　姑且不谈这种能扩及宇宙星辰的爱，我们至少必须把爱的普遍性纳入考虑。除了男女之爱，我们也爱艺术、爱科学，母亲爱孩子，信徒爱上帝。爱所能及的对象如此之多，范围如此之广，许多所谓的爱之特性与条件其实是源自爱的种种不同对象，因此我们必须小心，不要把这些特性和条件归诸爱的本质。

这两百年来，大家对"爱"的种类谈得很多，对"爱"的本质却谈得很少。从古希腊时期开始，每一个时代都拥有其情感理论，唯独最近这两百年没有。对古代影响最大的首先是柏拉图的学说，其后则是斯多葛学派的学说；中古时期受到托马斯·阿奎那（Tommaso d'Aquino）与阿拉伯文化的影响；17世纪则孜孜于研究笛卡儿与斯宾诺莎有关激情的理论。自古以来，每位大哲学家都自觉有义务针对情感这个主题提出自己的一套理论，但我们这个时代并未尝试以宏观的角度针对情感提出系统的理论。直到最近这几年，普凡德尔[1]和舍勒[2]的研究才重新触及该问题。而这两百年来，我们的心灵越来越复杂，感觉也越来越敏锐。

因此，那些古老的情感理论对我们来说已嫌不足，例

---

1. 亚历山大·普凡德尔（Alexander Pfänder, 1870—1941），德国哲学家与现象学家。

2. 马克斯·舍勒（Max Scheler, 1874—1928），德国哲学家，以现象学、伦理学、哲学人类学方面的著作知名。

如托马斯·阿奎那从古希腊文献中整理出的有关爱的观念显然不正确。对他而言，爱与恨是追求的两种形式，即欲望的两种形式。爱是对某种善的追求，恨是一种抗拒（反向的追求），是对恶的一种排斥。他的说法把欲望与追求跟情感混为一谈，这是 18 世纪以前心理学的通病。

我们必须对欲望和情感加以区分，让爱的独特之处、爱的本质不至于从我们指缝间流失。在我们的内在经验中，爱的孕育能力最强，乃至于爱成为一切孕育能力的象征。心灵的许多冲动由爱产生，例如愿望、思想、意志力的表现和行动。然而这一切虽是由爱而生，一如庄稼由种子而生，却不是爱本身；爱其实是这一切的前提。凡是我们所爱的东西，我们自然会去追求，不管是在哪一种意义上，也不管是以哪一种方式。然而，每个人都知道，我们也会去追求我们不爱的东西，那些不会让我们产生感情的东西。想喝一杯醇酒不表示我们爱这杯酒；吸食鸦片的人渴望得到鸦片，却也因为毒品造成的有害后果而憎恨鸦片。

不过，要区分爱与欲望，还有一个更重要也更高尚的理由。想要一件东西的欲望说到底是想要拥有那件东西，而不管是以何种方式拥有，拥有就意味着那件东西进入了我们的生活，仿佛成了我们的一部分。因此，欲望一旦达成就会自然熄灭，随着得到的满足而消失。相反，爱却是永远不会满足。欲望有种被动的性质，当我心中有欲望，我想要某样东西到我这里来时，我是万有引力的中心，期待相关事物来到我这里。爱却正好相反，爱是全然的主动。有爱的人走出自我，走向他所爱的对象，成为对方的一部分。能让一个个体走出自我，走向另一个个体，大自然中最大的力量也许就是爱。在欲望中，我想把所渴求的对象拉到我这里来；在爱中，我被拉到所爱的对象那里去。

中世纪的思想先驱奥古斯丁对爱进行过极为深刻的思考，他或许也是史上在研究爱方面最热情的人，有时候他能摆脱把爱跟欲望混为一谈的说法。于是他沉浸在一种诗人的陶醉中，说道："爱是我的引力，不管将我拉向何方，它都牵引着我。"

斯宾诺莎努力想更正把爱与欲望混为一谈的错误观念，他撇开欲望不提，想在情感中找到爱与恨这两种感情萌发的基础。他认为爱与恨是"一种喜悦或悲伤，而且这种喜悦或悲伤有外在的起因"。根据他的说法，爱一个人或是一件东西就会感到幸福，同时心里明白这种幸福来自那个人或那件东西。由此我们可以看出，他把爱与爱可能产生的结果混淆了。一个人能从所爱的对象那里得到喜悦，这一点谁会怀疑？但我们也很清楚爱有时候是悲伤的，如同死亡一样悲伤，是一种巨大的致命痛苦。尤有甚者，真正的爱在痛苦和折磨中更能感觉到自己的存在，更能掂量出自己的分量。身陷爱中的女子宁愿承受所爱之人带给她的痛苦，也不要没有痛苦的冷淡。葡萄牙修女玛丽安娜·阿尔科福拉多[1]写信给对她不忠的情人，信中有这样几句话："我衷心感谢你带给我的绝望，我厌恶认识你之前的平静生活。""我很清楚要如何才能治疗我的一切病痛，假如我不再想你，我就能立刻得到自由，可是这算什么药！不，我宁愿受苦也不要忘记你。唉，这岂是我所能决定的？我从没有一刻但愿自己不爱你，而且你其实比我更值得同情，似我这般受苦仍旧胜过你享受在法国带给你那些情妇的肤浅喜悦。"第一封信的结尾是："祝你平安，永远爱我，让我再承受更大的痛苦！"百年之后，莱斯皮纳斯小姐[2]写道："我爱你，爱就必须如此——在绝望之中。"

斯宾诺莎错了，爱不是喜悦。爱国者也许会为了祖国而牺牲生命，殉道者也可以为了爱而承受死亡。相反地，恨也能够自得其乐，为了所恨之人遭受的不幸而幸灾乐祸。

1.玛丽安娜·阿尔科福拉多（Mariana Alcoforado，1640—1723），葡萄牙修女，据说是《葡萄牙修女的情书》的作者，这五封信是写给她的恋人——一位法国军官的。

2.朱莉·德·莱斯皮纳斯（Julie de L'Espinasse，1732—1776），法国一杰出文艺沙龙的女主人，亦为数册书信集的作者，信中流露出她的热情与文学天分。

　　既然这些著名的定义对我们来说都稍显不足，因此最好是由我们自己来尝试定义"爱"的行为，仔细加以检视，就像昆虫学家检视从灌木丛中抓到的一只昆虫那般。我希望各位读者正爱着某样事物或是某个人，或是曾经爱过，此刻能够抓住心中情感的透明翅膀，放在内心的视线之下检视。"爱"是指既能酿蜜也会蜇人的蜜蜂，我将细数这只颤抖的蜜蜂最普遍、最抽象的特征，各位读者可以自行判断我所提出的内容是否与内心的经验相符。

　　就开始的方式而言，爱肯定和欲望相同，因为爱是由其所爱的对象而引发的，不管是人还是物，那个对象朝我们的心灵伸出一根刺，刺激了它，让心灵微微受伤。也就是说，这样轻刺的方向是从对象指向我们，是向心的方向。但是爱的行为是在这种引发之后才开始的，说得更清楚一点，是在受到刺激之后才开始的。对象所射出的爱之箭在我们心中造成伤口，而爱就从这个伤口中流出，主动朝对象流去；爱的流动方向跟刺激和欲望的流向正好相反。爱从爱人者流向被爱者——从我这里流向另一人，其方向是离心的。从心灵朝一个对象移动是爱与恨的基本特征，一种心灵的不断移动，从自身朝向另一人。至于爱与恨之间的差别何在，这一点我们稍后再谈。不过，这里所说的移动并非我们的身体朝着所爱之人移动，寻求身体上的接近。

这一切外在的行为固然源自爱，但在为爱下定义的时候，外在行为无关紧要，我们若要厘清爱的定义，就必须完全排除这些外在行为。我所说的都是把爱的行为当成内心经验，当成心灵成长的过程。

爱上帝之人无法用双脚朝上帝走去，尽管如此，爱上帝仍然意味着朝他接近。当我们去爱时，我们放弃了自身的平静与安定，在虚拟的层面朝着所爱的对象移动，这种不断朝向对方的移动就叫作爱。

思考和意志的行为都发生在当下。酝酿的时间或长或短，但是在执行上不会持续，而是点状的行为，转瞬即逝。当我了解一个句子，我在刹那之间就了解了，然而爱却会在时间中持续。当我们去爱，那不是一连串不会延长的瞬间，不是一个个燃烧之后熄灭的点，像一具感应器上的闪光。相反地，我们持续爱着所爱的对象。由此可得出爱的另一个特征：爱是一种涌动，是一道由心灵物质构成的光，是不断喷涌的泉水。若要寻找一个比喻来彰显爱的这种基本特征，我们可以说，爱不是爆发，而是一种持续的涌出，一种心灵之光的散发，从爱人者向被爱者移动。

普凡德尔就相当敏锐地指出了爱与恨这种流动和持续的特质。

至此，我们指出了爱与恨共同的三项基本特征：一、爱与恨的方向是离心的；二、它们是朝向所爱或所恨对象的一种虚拟移动；三、它们是持续的，或者说是流动的。

接下来我们要厘清爱与恨之间的根本差异。

爱与恨的方向都是离心的，方向固然相同，两者在意义上却是截然不同，用心正好相反。恨与其对象相逆，具有负面的意义；爱顺着其对象，肯定对象。

此外，爱与恨这两种情感行为还有一种共同的性质，比起两者之间的差异更为深切。思考和意志缺少我们称为"心灵热度"的东西，爱与恨却有热度。相较于思考一个数学定理的念头，爱与恨是炙热的，而且火焰的大小各不相同。凡是爱都会经过热度强弱变化的阶段，日常用语中有所谓的"冷却的爱情"，或者是恋爱中的人埋怨情人的温暾或冷淡。关于情感的热度其实可以另写一章，从这个角度来看人类心灵的各种领域。依我之见，这能打开我们的视野，以至今未曾有过的眼光一窥世界历史、道德和艺术。我们可以谈谈历史上伟大民族的不同热度，谈谈古希腊、中国和18世纪的"冷"，还有浪漫时期欧洲属于中古时期的"热"；可以谈谈不同的心灵热度对于人际关系的影响——当两个人相遇，他们从彼此身上最先感受到的就是他们"情感卡路里"的含量；最后还可以谈谈在艺术风格上被称为热度的质量，尤其是在文学风格上。然而，如此宽广的主题，单是划定其范围就是件不可能的事。

关于爱与恨的热度，如果从其对象的角度来看，会比较容易理解。爱会对其对象做什么呢？不管对象是远是近，是妻子、孩子、艺术、科学、祖国还是上帝，爱追求着所爱的对象。欲望会因为得到所欲求之物而感到高兴，从所欲求之物身上得到愉悦，但是欲望不会付出，不会给予，不会呈献任何东西。爱与恨却是一种持久的行为。不论远近，爱都将其对象笼罩在一种善意的氛围里，爱是爱抚、是赞美、是认可。恨则将其对象笼罩在一种恶意的氛围中，啃噬其对象，像一阵炙热的焚风使之干枯，以想象的虚拟方式将之摧毁。我要再次强调，这无须一定在现实中发生，我谈的是在恨这种情感中的意图，是让恨之所以成为恨的内心行为。

爱与恨两种情感的相反意图也表现在其他形式上。在爱中，我们觉得自己跟所爱的对象合而为一。这种合而为一意味着什么呢？就其本身而言，这并非身体上的合而为一，甚至不是身体上的接近。我们的朋友也许住在很远的地方——当我们谈到广义的爱时，可别忘了友情——而我们没有他们的消息，尽管如此，我们还是以一种象征性的方式与他们同在。我们的心灵会神奇地伸展出去，跨越距离，不管朋友在哪里，我们都感觉到和他们在一起。当我们在朋友有难时对他们说的"相信我，我会在你身边"，大概就是这个意思。换而言之：你的事就是我的事，我把自己的命运跟你的命运联结在一起。

相反地，尽管恨也是不断朝着所恨的对象涌去，却在同样的象征意义上把我们跟所恨的对象分隔开来。恨把我们跟对象远远地隔开，拉开了一道深渊。爱是心心相印，是和睦一致；恨是分歧不和，是形而上的抗拒，是跟所恨对象遥遥相隔。

现在我们可以看出爱与恨是"有所作为"的，跟喜悦或悲伤这种情感不同。我们会说一个人"是"快乐的，"是"悲伤的，而这种措辞有其道理：快乐和悲伤的确是一种状态，不是作为，也不是行动。单就其悲伤或快乐而言，一个悲伤的人或一个快乐的人可能什么也没做。相反地，爱却在心灵虚拟的延伸中抵达所爱的对象，致力于一种无形却神圣的工作，这是世上最积极的工作：爱肯定其对象。让我们想一想，爱艺术或是爱祖国意味着什么，它表示没有一刻怀疑其存在的权利，意味着时时刻刻看清并认可艺术与祖国有存在的价值。而且爱不是像法官一样，以理性的方式根据法律做出决定，而是以另一种感性方式，在这种方式中意味着情感上的参与和介入。反过来，恨也不断忙于在想象的虚拟层面杀死所恨的对象，意图毁灭所恨的对象，压制其生存的权利。恨一个人意味着单是由于对方的存在就觉得受到刺激，只有所恨之人彻底消失才能带来满足。

在我眼中，最后这一点是爱与恨最根本的特质。凡是爱过的人，就肩负着让所爱的对象存在下去的责任；在他能够掌控的范围内，他不允许所爱的对象消失。而这就等于在我们能够掌控的范围内，在意图之中不断赋予爱人或所爱之物生命。爱是不断的赋予生命，创造并维护着所爱的对象。恨是毁灭，是虚拟层面上的谋杀，而且不是一次性的，而是不停地谋杀，直到把所恨之人从世界上完全抹去。

司汤达所言之爱

司汤达满脑子都是理论，但是他缺少理论方面的天分。在这一点上，他跟西班牙作家巴罗哈[1]很像，而他们在其他几件事情上也有共通点。巴罗哈对于人间的种种事物都先以一套科学理论来回应。乍看之下，他们两人似乎都是涉足文学的哲学家，然而事实正好相反。我们只需要指出他们两人都拥有太多套哲学即可，因为哲学家其实只有一套。要区分真正的理论家，这是万无一失的标准。

理论家努力想让自己跟现实协调一致，并借此获得系统化的论述。为了达到这个目的，他做了无数的防范措施，其中一项是维持自己众多思想的统一与协调，因为现实是

1. 皮奥·巴罗哈（Pío Baroja，1872—1956），西班牙作家与小说家。

丰富的整体。哲学家巴门尼德[1]发现这一点时是多么吃惊！相反地，一般人的思想和感觉并不连贯，有时互相矛盾，而且形形色色。就司汤达和巴罗哈而言，他们只是把理论性的表述当成一种语言风格的手段，作为一种文学的形式，充当宣泄情感的工具。他们的理论其实是歌唱。他们从"正""反"两面来思考，而思想家从来不会这么做——他们在概念中爱与恨。所以他们才会有这么多理论，就像细菌一般孳衍，彼此不连贯，相互矛盾，每一个理论都源自某一刻的印象。他们的理论本质上是歌唱，所揭露的不是事物的真相，而是歌者本身。

我这样说完全没有责备之意，司汤达和巴罗哈也并未以哲学家自居。我之所以指出他们精神特质中犹豫不决的层面，只是想抓出他们的本质。他们状似哲学家，这不太妙；但是他们并非哲学家，这样更好。

不过，司汤达的情况要比巴罗哈更严重一点，因为至少在一个主题上他非常认真地想要发展出一套理论，而且还是哲学之父苏格拉底自认特别擅长的主题：关于"爱"。

司汤达的《论爱情》（*De l'amour*）是一本广为流传的书。我们若走进某个伯爵夫人、女演员或者社交名媛的家

---

1. 巴门尼德（Parmenides，约前515—约前445），古希腊哲学家，埃利亚学派的主要代表之一。

里，通常得要先等几分钟。首先，我们的目光不免会被墙
上的画作吸引。为什么墙上总是挂着画呢？而这些画又为
何总是给人一种随意挂上的感觉？画就是一幅画，但这幅
画也可以用其他画来取代，我们没有自觉遇上了一种不可
或缺事物的兴奋感。然后我们看见那些家具，在某个地方
会摆着几本书，我们目光停留在书背上，上面写着什么呢？
论爱情。如同在医生的看诊室里会有关于肝脏疾病的论文
一样，伯爵夫人、女演员、社交名媛全都有成为爱情专家
的野心，想从这本书里学习，这就好像买了一部汽车的人
又再买了一本内燃机的使用手册一样。

　　这本书读起来令人入迷。司汤达就算在下定义、作结
论和提出理论的时候，也总是在说故事。依我之见，他是
史上最会说故事的人，是高手中的高手。然而，他把爱情
比喻为结晶这个著名理论是正确的吗？为什么从来没有人
仔细研究过这个理论？大家引用它，把它流传下来，却没
有人深入地加以分析。

　　这难道不值得花费力气吗？让我们回想一下，基本上
这个理论认为爱情在本质上是种错觉。我们坠入情网，是
因为我们的想象力替对方添加了其实并不存在的完美。有
一天这个错觉消失了，爱情也就随之死亡，这比俗话说"爱
情是盲目的"还要糟糕。对司汤达来说，爱情比盲目更次

一级：爱情让人产生幻觉，不但看不见真相，而且还会捏造真相。

我们只需要从外部来看这个理论，就能找出它在时间和空间上所属的位置。该理论是 19 世纪欧洲的典型产物，带有那个时代背景的两种特征：观念论和悲观主义。司汤达的"结晶论"是观念论的，因为它把与我们产生联结的外在客体变成只是主体的投射。从文艺复兴以来，欧洲人就倾向于把世界解释成精神的展现。在 19 世纪之前，这种观念论相对而言比较乐观，主体在自己身边筑起的世界是真实而有意义的。但是司汤达的"结晶论"是悲观的，它想要证明我们视之为正常的心智功能其实只是异常的特殊现象。同样地，泰纳[1] 也想说服我们，正常的感知只是传承下来的集体幻觉。这是 19 世纪典型的思考方式，用异常来解释正常，用低等之物来解释高等之物。19 世纪的人有种奇特的狂热，把宇宙解释为一种彻底的"对价"（Quid Pro Quo，或译交换条件），一种在根本上被捏造的东西。伦理学家努力向我们说明，凡是利他主义都是伪装的利己主义；达尔文不厌其烦地描述死亡如何塑造生命，把生存的竞争当成最高的生命力。

---

1. 泰纳（Hippolyte Adolphe Taine，1828—1893），法国历史学家与文学批评家，强调种族、环境和时代对作者的影响。

事实却与这种固执的悲观主义大相径庭，以至于真相能够栖身其中，让愤恨的思想家无从察觉。在"结晶论"里正是如此，因为该理论终究还是承认，人只会爱值得爱的东西，不过现实中它们似乎并不存在，所以人必须虚构出值得爱的东西来，而这种虚构的完美唤醒了爱情。把美好之物称为一种幻觉，这很容易，但是这么做的人忽略了随之而来的问题：如果所有的美德都不存在，我们如何能辨认出它们？如果在真实的女性身上没有足以让我们心动的特质，那么我们能在哪一个梦中的海滨邂逅想象中的美女，燃起心中的爱火呢？

很显然，这个理论夸大了爱情的骗术。如果我们发现爱情有时候捏造出所爱对象并没有的特质，我们应该扪心自问，在这种情况下，是否那份爱情本身是假的。爱情心理学在分析感情时，对于感情的真假必须抱持怀疑的态度。依我之见，司汤达那篇论文观察最敏锐之处在于，他推测有些爱情并不是爱情。他把爱情分成三种：美感之爱、虚荣之爱和热情之爱。而他对爱情的巧妙区分就意味着有些爱情并非爱情。如果一份爱从一开始就不是真正的爱，那么围绕在它周围的一切都是假的也就不足为奇，尤其是爱的对象。

在司汤达眼中，只有"热情之爱"是正当的，但我认为他把真爱的范围划得太大了。就算在"热情之爱"当中，还是应该再划分出不同的种类。我们不仅会出于虚荣或美感而欺骗自己那是爱情，还会用一个更直接、更持久的理由说服自己虚构爱情。爱情是最被歌颂的一种经历，每个时代的诗人都竭尽所能替爱情梳妆打扮，赋予爱情一种奇特且抽象的现实。因此我们在还没有尝到爱情之前，就已经知道爱情，看重爱情，并且打定主意要"从事"爱情，仿佛爱情是一门艺术，或是一种职业。想象一下，若有男人或女人把抽象意义上的爱情视为人生的理想，他们势必会不断地活在一种自以为坠入情网的状态中。无须等到特定对象来让他们释放出感情，随便一个对象对他们来说就够了。他们爱的是爱情，如果仔细看去，就会看出他们所爱的对象只是一个借口。具有这种天性的人如果也喜欢思考的话，自然而然会得出"结晶论"之类的理论。

司汤达就是这样一种热爱爱情的人。博纳尔[1]写过一本书谈司汤达的爱情生活，书里说司汤达想从女性那里得到的不过是一种做梦的权利。他为了不感到寂寞而去爱，事实上，在他的爱情故事里多半是他在唱独角戏。

关于爱情的理论可分为两大类，一类包含常见的事实，

---

1. 阿贝尔·博纳尔（Abel Bonnard，1883—1968），法国诗人与小说家，此书原名为 *La vie amoureuse d'Henri Beyle*。

纯粹是老生常谈，作者只是加以复述，自身并未完全体验过其中所言的事实。另一类包含比较有内涵的认知，来自作者自身的经验。在这种情况下，我们针对爱情所做的抽象陈述便揭露出自身爱情经历的轮廓。

司汤达的情况很明显，他是个不曾真正爱过的人，尤其是个不曾真正被爱过的人。他的一生充满了虚假的爱情，而虚假的爱情在心灵留下的就只是对其虚假的凄凉认知，对其短暂易逝的体验。如果仔细分析司汤达的理论，就能清楚看出这套理论是倒过来想的，即对司汤达而言，爱情的主要部分在于结束。可是如果所爱的对象并未改变，那么该如何解释爱情的结束呢？在这种情况下，如同康德在其认识论中所言，我们岂非被迫承认自己之所以动情不是取决于让我们动情的对象，而是取决于我们的想象力被激发之后所塑造出的对象？爱情之所以死亡，是因为它的诞生是个错误。

但换作法国作家、政治家夏多布里昂就不会这样想。他这个人本身没有能力真正去爱，却具有唤起真爱的天赋。一个又一个的女子与他相遇，对他一见钟情，终生不渝。我再重复一次：一见钟情，而且终生不渝。假如夏多布里昂要创造出一个爱情理论，那么在他的理论中，真正的爱情必然具有两种本质：骤然而生，永远不死。

比较夏多布里昂与司汤达两人的爱情，会是心理学上很值得研究的主题，能让那些轻率谈论唐璜的人学到一点东西。这是两个创造力惊人的男子，不是两个花花公子——某些无知浅薄之人就爱把唐璜这类型的男子扭曲成花花大少的可笑形象。尽管如此，这两个男人都把最佳精力用来活在不断地坠入情网中。当然，他们并没能做到。显然，要一个尊贵的心灵委身于疯狂的爱情并不是那么容易，但事实是他们不断地尝试，而且几乎总有办法让自己产生坠入情网的幻觉。他们看重自己的爱情冒险远胜过自己的作品。说来也奇怪，只有那些没有能力创造出伟大作品的人才会认为必须反其道而行，即看重科学、艺术或政治，而视爱情如敝屣。我这样说并无赞成或反对之意，只是想指出，具有伟大创造力的人通常都谈不上认真严肃，而这里所说的认真严肃是指小市民对这种美德的概念。

不过，从"唐璜心理学"的角度来看，最有趣的莫过于司汤达和夏多布里昂之间的对照。两人之中，更热烈追求女性的是司汤达。但他恰好是唐璜的反面。唐璜是另一种人，总是站在远处，笼罩在一片悲伤的雾中，很可能他从未追求过一个女子。要描绘出唐璜的形象，拿那些一辈子都在向女人献殷勤的男人作范本会是最大的错误。在最好的情况下，也只能描绘出一个次等的、庸俗类型的唐璜；

而更可能的是，以这种方式我们会得出跟唐璜正好相反的类型。如果我们要替诗人下定义，却拿蹩脚诗人当蓝本，那会得出什么结果？正因为蹩脚诗人不算诗人，我们只会看见他徒劳地追求自己不曾得到的东西，看见他这种徒劳追求的辛苦和汗水。蹩脚诗人蓄起长发，披上围巾，用一些传统上属于诗人的装饰来取代灵感。那些勤奋的唐璜也是如此，他们把爱情当成每天的例行工作。摆出一副唐璜姿态的人其实正好否定了唐璜，是唐璜的一种空洞形式。

唐璜不是个爱女人的男人，而是个为女人所爱的男人，这是毋庸置疑的事实，而企图处理"唐璜现象"此一困难主题的作家，其实应该更深入地探讨这一点。的确有些男人会让许多女人强烈地爱上，这是个事实。从中我们可以发现许多值得深思之处。这种特殊的天赋来自何处？在这种特殊待遇的背后隐藏着何种生命的奥秘？另一方面，针对某个被随意捏造出来的唐璜式人物来讲道，在我看来过于无稽，不会有什么有意义的结果。讲道者常有种坏习惯，他们会虚构出一个愚笨的摩尼教徒，然后以驳斥这个摩尼教徒为乐。

司汤达花了40年的时间朝着女性筑起的围墙进攻。他研究出一整套战略，包含了原则和定理，他东奔西跑，拼命扛起这项任务，也因为任务的沉重而受伤。然而一切都是徒劳，他不曾拥有过一个女子的真爱。这其实并不令人诧异，大多数的男人跟他命运相同，为了弥补这种不幸，他们养成了一种习惯，把女性似有若无的亲近和容忍当成真正的爱情，而这种亲近和容忍还是他们费了好大的工夫才换来的。在审美的领域也有一模一样的情况，大多数人一辈子都不曾真正享受过艺术，却很有默契地把一曲华尔兹引起的兴奋或一本小说制造出的悬疑当成是艺术享受。

司汤达的爱情冒险就是属于这一类的伪经验，这是很重要的观察（博纳尔在他那本《司汤达的爱情生活》里对此着墨不够），因为这解释了司汤达爱情理论中的基本错误，他的爱情理论建立在一种虚假的经验上。

根据他的经验，司汤达认为爱情是"造"出来的，而且爱情会结束。这两种性质都是伪爱情的特征。

相反地，夏多布里昂总是不费吹灰之力就遇见现成的爱情。女性从他身边走过，突然感受到一种电磁般的吸引力，立刻彻底拜在他脚下。为什么呢？唉，这就是那些研究唐璜现象的理论家应该向我们揭露的秘密。夏多布里昂相貌并不英俊，他身材矮小，肩膀高耸，情绪总是很糟，粗暴而难以亲近。他跟爱他的女子之间只能维持八天的亲密，尽管如此，在 20 岁时爱上他的女人到了 80 岁仍然心系这位天才，哪怕她也许再也没见过他。这不是虚构的故事，而是事实。

　　居斯蒂纳侯爵夫人（Marquise de Custine）是法国最高尚的贵族仕女，出身极为高贵，相貌姣好。法国大革命期间，她几乎还只是个孩子，被判送上断头台。幸好法庭成员中的一名鞋匠对她心生怜惜，她才免于一死。她逃往英国，等她回到法国，夏多布里昂刚刚发表了他的小说《阿达拉》（Atala）。她结识了这位作家，立刻就爱上了他。夏多布里昂一时兴起，建议侯爵夫人买下费尔瓦克堡（Le chateau de Fervaques），那是一座古老的贵族庄园，亨利四世曾在那里待过一夜。侯爵夫人在流亡之后尚未完全取回属于她的财产，但她竭尽所能买下了城堡。然而夏多布里昂并不急于去拜访，过了很久以后，才总算到城堡里住了几天。但对爱他的侯爵夫人来说，那几天是无比美好的时光。夏多布里昂念出了亨利四世用猎刀刻在壁炉上的一首双行诗：

　　　　费尔瓦克的女主人
　　　　值得大胆的出击

　　幸福的时光转瞬即逝，再也无法挽回。夏多布里昂离开了，再也没有回来，他已经航向新的爱情岛屿。月复一月，年复一年，侯爵夫人已年近六十。有一天她带领一位访客参观城堡,当此人走进那座大壁炉所在的大厅,他说:"这就是夏多布里昂坐在您脚边的地方吗?"她立刻吃惊而又受伤地回答:"噢,不,是我坐在夏多布里昂脚边。"

在这种爱情中,一个人与另一个人紧紧相连,彻底而且永远,宛如通过一种形而上的方式连为一体,司汤达从不曾认识这种爱情,因此他认为爱情的消逝是爱情的本质。而事实也许正好相反,一份发自心灵深处的完满爱情几乎不会死亡,而会永远地埋在那个多情的心灵里。客观的情况也许会削减这份爱情所需要的养分,例如距离,于是爱情会萎缩,变成一种隐于黑暗的情感,一种隐藏的感情血管,但是这份爱情不会死亡。作为一份感情,这爱情会完好无恙地持续下去。在内心深处,爱人者觉得自己与所爱之人无条件地紧紧相连,命运或许会让他在不同的地方和不同的社会阶层之间辗转飘荡,但这不会扰乱他,在他心里,他永远依傍着他所爱之人。这就是真爱最崇高的标记:依傍着所爱之人,在心灵上紧紧相依,更胜过空间上的亲近,这种相依相守更具有生命力。用哲学的术语来说,最贴切的表达方式是:爱人者在存有论上与所爱之人同在,忠于所爱之人的命运,不论其命运如何。爱着一名窃贼的女子也许身在别处,但她的心在监狱里与他同在。

司汤达将他的爱情理论称为"结晶论",而他所用的比喻大家都很熟悉。在奥地利萨尔茨堡附近的哈莱因（Hallein）盐矿，如果把一根除去叶片的树枝扔进盐泉里，几个月之后再把这根树枝拉出来，树枝上就会出现神奇的变化，原本朴实的枝丫覆盖了无数闪闪发光的结晶。根据司汤达的看法，在具有爱之能力的心灵里也进行着类似的过程。一名女子原本的形象落入一名男子的心灵里，在那里渐渐蒙上一层想象出来的完美，为赤裸的真实添上华美的装饰。

我一直觉得这个著名的理论在根本上就是错的。唯一也许还有救的地方是它暗示了（至少没有明示）爱情在某种意义上是对完美的追求。因此，司汤达认为他必须假定我们替现实虚构出完美。然而他并没有在这一点上多作停留，而是将之视为理所当然，他把"爱情是对完美的追求"这个事实当成他爱情理论的背景，丝毫没有察觉这就是爱情最具意义、最深刻、最神秘之处。其实，"结晶论"花了更多的精神来解释爱情的失败，来解释因受挫的热情而产生的失望。简而言之，这个理论解释的是爱的结束，而非爱的开始。

身为地道的法国人，司汤达在得出概论性的结论时就失之肤浅。他忽视了一个十分重要而基本的事实，不曾多加注意，也不曾为之惊讶。然而，哲学家的天赋就在于对显而易见、理所当然的事情感到惊讶。看柏拉图是如何直截了当地用心智之鳌钳住爱情颤抖的神经！柏拉图说："爱是在美中生育的欲望。"那些自以为懂得爱情的女士会悄声地说柏拉图是"多么地天真"！她们在世界各地的酒店啜饮着鸡尾酒，丝毫不曾察觉这位哲学家嘲讽的自得，而他却看见她们迷人的双眸中指责他太天真的眼神。她们忘了，当哲学家对她们谈起爱情时，他并没有爱上她们，而是正好相反。如同费希特[1]所言，哲学思考在其根本的意义上意味着不去生活，而生活在其根本的意义上意味着不去做哲学思考。哲学家具有珍贵的天赋，能把自己从生活中抽离，在想象的层面上逃离，而当他在那些女士眼中显得天真，他就更真切地感受到自己的这种天赋。谈起爱情理论，女性就跟司汤达一样，只对关注枝微末节的心理学和传闻逸事感兴趣。我不否认两者都很有趣，但我只想指出，在这一切的背后隐藏着有关爱情的"大哉问"，它也藏在两千五百年前柏拉图话语的最里层。且让我们来看一下这个重要的问题，就算只是稍稍一瞥。

在柏拉图的用语中，"美"是我们一般习惯称为"完美"之物的具体称谓。根据柏拉图的理论，他的思想可以审慎

---

1. 约翰·戈特利布·费希特（Johann Gottlieb Fichte，1762—1814），德国哲学家，德国观念论哲学的奠基者。

地归结如下：凡在爱中都有一种与我们视为完美的另一人合而为一的欲望。爱是心灵的一种动作，朝向一个在某种意义上的出众之物，或者应该说是比我们优越之物。不管这份优越出众是真实的，还是想象出来的，都改变不了一个事实，就是情爱的感觉（说得更准确一点是两性之爱），这种感觉只有在看见某种我们视为完美的东西时才会从心中涌现。请读者试着想象一种所爱之对象在爱人眼中不具有任何出众特质的两性之爱，你会发现这是不可能的。坠入情网首先意味着醉心于某种东西（稍后我会更深入地探讨这种"醉心"有何重要），而一件东西只有在完美或是看似完美的情况下才会令人醉心。我并不是说所爱之对象显得完全完美（这是司汤达所犯的错误），只要对方身上有某种完美就够了。而事实很清楚，完美在人类眼中并不意味着纯粹的善，而是较其他更为优秀，由于某些特质而出类拔萃，也就是"出众"。这是第一点。

其次，这样的出众唤起了一种渴望，想与具有这种出众特质的人合而为一。"合而为一"指的是什么呢？真正在爱中之人会诚实地说他们并没有在肉体上合而为一的欲望，至少这不是他们首先意识到的事。这一点很微妙，需要极其精确地加以厘清。并不是说爱人者不希望和所爱之人在肉体上合而为一，但尽管他这么希望，说这就是他所希望的"也"不正确。

在这里必须提出一个重要的看法。从未有人把"两性之爱"和"性本能"清楚地加以区分（也许舍勒是唯一的例外），乃至于提起两性之爱，大家指的往往是性本能。事实上，人类的本能几乎都跟超乎本能的心灵悸动，或者说精神悸动有关，我们很少看见一种纯粹的本能单独发生作用。一般人对"肉体之爱"的概念在我看来过于夸大。一个人完全只在肉体上受到吸引，这种情形并不是那么容易发生，发生得也不是那么频繁。在大多数的情况下，感官欲望跟情感的萌发彼此重叠而相互增强，例如对身体之美的赞叹、对对方的好感等。关于纯粹出于本能的性行为，我们能够找到许多例子，足以将之与真正的"两性之爱"区分开来。二者之间的差别在两个极端的例子中特别明显：其一是由于道德因素或客观条件不许可而放弃性行为；其二则正好相反，是性行为过度而沦为好色。在这两个例子中，纯粹的肉欲（某种程度上可说是纯粹的不纯净）先于其对象而存在，与爱有别。一个人先感觉到欲望，在尚未认识能满足此欲望的人或情况之前，结果是任何一个人都可以满足这个欲望。本能纯粹只是本能的时候没有偏好，就其本身而言，并不会祈求完美。

性本能或许确保了物种的延续，但不能确保物种渐趋完美。相反地，真正的两性之爱（对于另一个人的倾心，将其心灵与肉体视为无法分离的整体）本身就是一股巨大的力量，致力于物种的完善。这种爱并非先于对象而发生，而是不断被一个出现在我们面前的人所唤起，爱的过程是由这个人身上某种优异的特质所引发的。

这个爱的过程一展开，爱人者就感觉到一种独特的力量，迫使他把自己的个体性融入所爱之人的个体性中，同时也反过来把所爱之人的个体性吸纳进自己的个体性中。这真是神秘难解的欲望！在其他情况下，我们最痛恨的莫过于看见有人触犯了我们个体存在的界线，然而爱的甜蜜就在于爱人者在形而上的意义上变得可以渗透，而且只有在跟所爱之人融合成"二合一的个体性"时才感到满足。这让人想起圣西门主义者[1]的学说，根据此一学说，成双成对的男女才构成了真正的社会个体。不过，渴望跟所爱之人融合并不仅止于此。完满的爱想以一个孩子来象征这种合而为一，把所爱之人的完美之处在孩子身上延续下去，在此愿望中达到巅峰（不管愿望是否被明确地表达出来）。此一阶段的爱的表现，极其纯粹地聚集了爱的根本意义。

1.19世纪上半叶起于法国的一场政治社会运动，受到圣西门伯爵（Comte de Saint-Simon，1760—1825）思想的启发，圣西门伯爵被称为"乌托邦社会主义者"，也被视为社会学的奠基者。

孩子既不是父亲的，也不是母亲的，而是父母合而为一的具体化，是把对完美的追求化为血肉之身。那个天真的哲学家柏拉图说得没错："爱是在美中生育的欲望。"或者如同之后另一位柏拉图学派的哲学家美第奇[1]所言，爱是"对美的欲求"。

近代的理论失去了这种宇宙论的观点，几乎全都变成从心理学的观点出发。微妙的爱情心理学形成一种机敏的诡辩，把我们的注意力从爱情属于宇宙论的基本面给移开了。接下来我们也要涉入心理学的领域，但只是为了探讨最基本的问题，在此我们不可忘记，人类的爱情经验固然有着多姿多彩的故事，有着种种纠葛和巧合，但说到底，爱情仍是源自那种来自宇宙的基本力量，这种力量掌管着我们的心灵，并以不同的方式塑造它，不管我们的心灵是原始的还是文明的，单纯的还是复杂的，属于这个世纪还是那个世纪。当我们把各式各样的涡轮和机器沉入水流中，我们不可忘记水流才是最初始的力量，是这股力量以神秘的方式推动着我们。

不能否认，"结晶论"乍看之下很吸引人。事实上，在经历爱情的过程中，我们常会突然发觉自己弄错了，

---

1. 洛伦佐·德·美第奇（Lorenzo de' Medici，1449—1492），意大利政治家，文艺复兴时期佛罗伦萨的实际统治者。

误以为在所爱之人身上有他们其实没有的美丽和可爱。难道我们不该承认司汤达是对的吗？我不这么认为。因为说得过度正确结果反而不对，这种情形的确可能发生。在跟现实打交道时，我们处处都会弄错，难道唯独在爱情这件事上会正确无误吗？我们不断把自己的想象投射在真实的对象上，看见事物（或者应该说评估事物的价值）对人类来说一向意味着加以补充。笛卡儿就已经说过，当他打开窗户自以为看见街上的行人时，他犯下了不够精准的错误。他究竟看见了什么呢？"帽子和大衣，别无他物。"这是个奇特的观察，值得印象派画家拿来作为素材，它让人想起卢浮宫里委拉斯开兹[1]那幅《小骑士》（*Petits Chevaliers*），马奈[2]后来曾经描摹过这幅作品。准确地说，没有人看事物能看见其赤裸的现实。假如有一天我们看见事物赤裸裸的现实，那将是最后审判日，是天启的时刻。就目前来说，只要我们的感知能力在想象构成的雾中能让我们看出世界的轮廓和骨干，我们就认为自己对现实的感知是可靠的。绝大多数的人甚至连这个境界都达不到，他

---

1. 迭戈·委拉斯开兹（Diego Velázquez，1599—1660），西班牙国王腓力四世宫廷里的首席画家，尤其擅长肖像画。

2. 爱德华·马奈（Edouard Manet，1832—1883），法国画家，是由写实主义过渡至印象主义时期的重要人物。

们活在言语和暗示之中，如同梦游一般从人生匆匆行过，被自己的幻想所束缚。所谓的天才只不过是某个人具有的神奇力量，能够稍微拨开这片迷雾，在迷雾后面瞥见一小块未曾被发现的赤裸真相。

因此，"结晶论"其实不仅适用于爱情，我们全部的精神生活都是程度不一的"结晶过程"，这绝非爱情所特有的现象。顶多只能推测结晶现象在爱情中特别常见，但这样说也不对，至少就司汤达所指的意义而言。比起政治人物、艺术家或商人所做的价值判断，爱人者所做的价值判断并不会更可靠。一个人在爱情中所做的判断是迟钝还是敏锐，大概就跟他平常对周围的人所做的判断一样。大多数人在理解人类这件事上都很迟钝，而事实上人类也是万物之中最难以看透的。

要推翻司汤达的理论，单是指出显然没有结晶情形出现的例子就够了。这些情况可以说是爱情的范例，在其中双方都神志清醒，不会弄错（在人类能力所及的限度之内）。要建立关于爱情的理论必须从解释爱情最完美的形式着手，而不是一开始就先探讨研究对象的病理现象。事实上，在好的情况下，男子并未把虚构出来的完美投射到女子身上，而是立刻在她身上发现了从前并不知晓的美德。这恰好涉及女性的特质，而它们只要稍微有点独特，怎么可能会事先存在于一个男子的心中？或者反过来说，是女子在男子身上发现了想象中难以预见的男性优点。也许有可能预知在现实中尚未遇见的美德，这仿佛跟虚构相近，但跟司汤达的想法并不相干。这一点很复杂，我们之后还会再谈。

司汤达的理论有一个观察上的重大错误。他显然认为爱情必然会提升意识的活动，"结晶论"似乎意指爱情能增强精神能量，使其充沛饱满、更加丰富精彩。关于这一点，我们必须大胆地说出来：坠入情网是一种心灵贫乏的状态，这种状态窄化、限制、麻痹了我们的精神生活。

我说的是"坠入情网"。为了指出"爱是什么"这一主题的另外几个无稽之谈，我们在遣词用句上必须做更清楚的划分。"爱"这个简单的字被用来指称那么多不同的现象，让人大可怀疑它们彼此之间究竟有无共同之处。我们会说"对女性的爱"，但我们也会说"对上帝的爱""对祖国的爱""母子之间的爱"等。"爱"这一个字涵盖并指称了各式各样的情感。

在"对科学的爱"和"对女性的爱"之间可有任何基本的相似之处呢？如果把这两种心灵状态加以对照，就会发现它们所有的元素几乎都不相同。尽管如此，两者在某个成分上却是一致的，仔细分析，就能从中把这个成分隔离出来。一旦把它跟这两种心灵状态中的其余要素区分开来，就能看出爱的所有形态都有一个共同的核心，而只有这个核心才能在狭义上称为"爱"。为了实用，我们扩大了"爱"这个字的使用范围，把"爱"用来指整个心灵状态，尽管这种状态包含了许多其实不是"爱"的成分，有些甚至连情感也称不上。

爱（意思是爱本身，而非一个人爱着某件东西时的整体心灵状态）是一种纯粹的情感行为，针对任意对象而发，这个对象或许是一件事物，或许是一个人。作为情感行为，爱一方面不同于所有其他的认知行为，例如感知、注意、思考、回忆、想象，另一方面也不同于常跟爱混为一谈的欲望。口渴的时候，我们想要一杯水，但我们并不爱这杯水。爱也许会产生欲望，但是爱本身并不是欲望。我们渴望祖国能够兴盛，渴望能够在祖国生活，因为我们"爱"祖国。我们的爱先于这些欲望，欲望由爱中产生，一如植物从种子发芽生长出来。

作为情感行为，爱有别于情感的状态，例如愉悦或悲伤。愉悦或悲伤犹如心灵所染上的色彩，我们感到愉悦或悲伤是在一种纯粹的状态之中。尽管愉悦可以引发行动，但愉悦本身并不含有动作。相反地，爱却不只是一种状态，而是一种朝向所爱之物的移动。我指的并非由爱所唤起的身体或精神上的移动，而是爱在本质上就是一种向外涌出的行为，我们在这个行为中努力迎向所爱的对象。就算我们在休息，就算我们与所爱的对象相隔千里，就算我们并未想着对方，但当我们爱着这个对象的时候，还是会有一股无以名状的温暖和肯定从我们这里向他流去。如果把爱与恨加以对照，就能更清楚地看出这一点。跟悲伤不同，恨一个人或是一件事物不是一种被动的状态，却可以说是一种行动，一种否定对方的可怕行动，是对于所恨之对象的一种精神上的毁灭。若能明白有一些情感行为不同于所有其他的身体或精神行为，例如认知、追求、希望，这在我看来对于爱情的微妙心理学具有重大意义。当有人谈到爱，他所描述的往往是爱的后果或是伴随爱而来的情况、爱的起因或是爱的成就。几乎不曾有人以爱所独具的本质来理解爱本身，即爱与其他心理现象的不同之处。

现在我们似乎可以说在"对科学的爱"和"对一位女性的爱"之间有共同之处了。我们对自身以外的事物温暖、肯定地参与，而且就只是为了该事物本身，这种情感行为既可以针对一片土地（祖国）而发，也可以针对另一个人或是人类的某一种活动（运动）而发。我们应该再补充一点，只要不是纯粹的情感行为，凡是让"对科学的爱"跟"对一位女性的爱"有所差别的一切，在根本意义上都不是爱。

在许多所谓的爱当中什么都有，唯独没有真正的爱。

有欲望、好奇、倔强、执迷、诚实的情感错觉，唯独少了那种对自身以外某件事物的温暖肯定，不论那件事物对我们的态度如何。然而，我们也不可忘记，即便是在确实含有这种珍贵成分的爱当中，除了狭义上的爱之外，也还包含许多其他元素。

在广义上，我们习惯把"坠入情网"称为爱，"坠入情网"是一种极度错综复杂的心灵状态，在这种状态中真正的爱只扮演着次要的角色。司汤达说的是"坠入情网"，却把他的书取名为《论爱情》，误用了"爱"的广泛意义，这就显示出他在哲学思考上的局限性。

司汤达的"结晶论"把"坠入情网"视为一种心灵活动的提升，而我想说的是，"坠入情网"其实是对意识的一种窄缩和麻痹，在其掌控之下，我们的生命比起平常并未扩大，反而缩小了。下面我将进一步阐释我的这个主张，从而勾勒出情爱萌发之心理学的轮廓。

"坠入情网"首先是一种注意力集中的现象。

在任何一个时刻，如果对自己意识的流动过程做突击检查，我们会发现在意识领域中有各式各样内在与外在的事物。这些填满我们心智空间的事物从来不是乱七八糟的，而总是有一些等级之分。我们会特别关注其中一件，将之提高至其他事物之上，仿佛让它在我们心灵的焦点中绽放光芒，使其突出于其余事物之上。注意某件事物是人类意识的一种本质，而意识无法在注意一件事物时不撇下其余事物，于是其余的事物就像剧场中的合唱或是一个背景，在当下处于次级地位。

由于每个人的世界都由数量众多的事物所构成，而一个人的意识场域却是有限的，所以各种事物可以说是在彼此竞争，争相要获取我们的注意力。在根本意义上，我们的心灵生活与精神生活就在这个明亮的场域里进行。其余的场域（我们意识到但并未加以注意的，还有潜意识的领域等）只是一种潜在的精神生活，宛如一种准备、一间军械库或是储藏室。我们可以把注意着事物的意识场域视为人格的根本空间，因此，当我们说我们在注意一件事物，就等于说这件事物在我们的人格中占有一个特定的空间。

通常受到我们注意的事物只能暂时占据受到偏爱的中心位置，但很快就会被挤掉，让位给另一件事物。一般说来，我们的注意力会从一个对象转移到另一个对象上，停留的时间或长或短，视其对我们生活的重要性而定。现在请想象一下，有一天我们的注意力麻痹了，只能停留在一个对象上。如此一来，世界的其余部分就会被排除在外，在遥远的地方，宛如不存在。由于缺少比较的可能，受到不正常注意的对象对我们来说就会变得异常巨大，大到完全填满了我们的心智空间，大到对我们来说它就意味着整个世界，世界的其余部分由于我们完全不加关注而不复存在。打个比方，这就像是用一只手遮住眼睛，手虽然很小，却足以遮住眼前的风景，占据我们的全部视野。相对于不受到注意的东西，那个受到注意的对象对我们来说更为真实，其存在更为强大，而不受注意的东西成为黯淡的背景，在心智空间的边缘等待，犹如鬼魅。由于受到注意的东西更为真实，自然也就更被看重，变得更有力量，取代了黯淡下来的剩余世界。

当注意力停留在一个对象上的时间和频率超乎正常，我们就说那是种"着迷"。几乎所有的伟大人物都是着迷之人，只不过他们的狂热和偏执所造成的结果让世人觉得有用，或是值得钦佩。当牛顿被问及他是怎么发现天体力学的，他回答："日夜苦思。"这就是一个着迷之人的回答。事实上，最能说明一个人性格的莫过于此人注意力的表现。注意力在每个人身上都有不同的形体，因此，深思者习惯把注意力长时间停留在一个主题上，好找出该主题最隐秘的魅力，社交名人则能够轻易地把注意力从一个对象转移到另一个对象上，其轻易的程度让习惯深思者头晕目眩。相反地，深思者注意力移动的缓慢让社交名人感到疲倦和麻木，深思者的注意力就像一张拖网从粗糙的海底缓缓拖过。此外，注意力最喜欢关注的对象也因人而异，这就决定了一个人性格的基本特征。在谈话中若是提到经济，有的人会陷入冥想，仿佛神游天外，另一些人的注意力则放在艺术上，或是与性有关的对象上。有句俗话说：告诉我你都吃些什么，我就能说出你是什么样的人。我们也可以把这句话改成：告诉我你都注意些什么，我就能说出你是个什么样的人。

再回到我们的主题上，我认为"坠入情网"是一种注意力集中的现象，一种出现在正常人身上的注意力异常的现象。"坠入情网"的开端就已经显示出这一点。在社交场合中我们看见许多男男女女，在没有好恶的情况下，每个男子和女子的注意力都平均地从异性身上扫过。基于昔日曾有的好感倾向、亲友关系的状况等原因，一个女子的注意力也许会在这个男子或那个男子身上多停留一会儿，但是对其中一人的注意与对另一人的忽视，两者之间的差距并不大。撇开这细小的差距不谈，可以说这女子认识的所有男子都得到相等的注意，宛如他们全都站在同一条水平线上。可是有一天，注意力的均等分配改变了，女子的注意力倾向于自动停留在其中一名男子身上，她要很费力才能把思绪从他身上移开，而去关注其他人或其他事物。那条水平线被突破了，男子当中的一个走到前面来，现在他跟女子注意力之间的距离变近了。

"坠入情网"的开端其实就只是这样：注意力在另一个人身上的异常停留。如果这名男子懂得利用自己的特殊地位，聪明地培养这种关系，事情就会犹如必然般地发展下去，无法阻挡。他会从那一群男子中凸显出来，离他们越来越远，在女子被迷住的心灵中占据越来越大的空间，而她无法再把目光从此人身上移开，其他的人、事、物会渐渐地被排挤出她的意识。不管坠入情网的她身在何处，不管她表面上在做什么，她的思绪都会随着本身的重力落在那个男子身上。反过来说，她要费很大的力气才能把自己的注意力暂时拉回来，而去关注生活中其余必须处理的事。

也就是说，坠入情网并不会使我们的心灵生活更加丰富。正好相反，之前占据我们心思的事物会渐渐被排除在外，意识的注意范围缩小，只剩下一个对象。注意力犹如麻痹了一般，不再从一件事物转移到另一件事物上。注意力不再移动，僵住了，成为单单一个对象的俘虏。柏拉图说这是"神圣的疯狂"（稍后我会解释这夸张而令人讶异的"神圣"二字是怎么来的）。

不过，坠入情网之人却觉得自己的精神生活变得更加富饶。他的世界由于范围受限而被压缩了，他心灵的全部

力量都涌向唯一的点，这让他误以为自己的生命得到超乎
寻常的提升。同时，把注意力专注于所偏好的对象上会使
对方的美好特质显现出来。这并非指我们会虚构出对方的
完美之处（我已经说过，这种情形固然可能发生，但不同
于司汤达错误的想法，这既非必然，也不重要）。只是比
起未动感情之人，恋爱中的人把所爱的对象看得更清楚，
对于他来说，那个对象仿佛身处于一道光之中，向他显露
出自己最不为人所知的优点。对于意识来说，注意力如此
热切而固执地关注的对象必然会渐渐具有一种无可比拟的
现实力量。那个对象总是在那里，在我们身边，其存在比
起任何事物都更鲜明。由于注意力被绑在所爱之人身上，
其他的一切需要我们费力地把注意力转移过去，才会进入
意识中。

由此即可看出坠入情网与神秘主义的热情之间有相似
之处。神秘主义谈到"上帝的临在"，这不只是一种说法而已，
事实就是如此。靠着祈祷、沉思冥想和呼唤，对神秘主义
者来说，神成了一种实在的对象，永远不会从他们的意识
中消失。神之所以永远在他们的意识中，正是由于他们的
注意力不曾从他身上移开。注意力的任何移动都会让他们
重新回到对神的想象上。神在神秘主义者意识中的持续临
在可以说是无所不能的。同样的现象也会出现在不断思索

着一个问题的学者身上，或是满脑子都是他所虚构出来的人物的作家身上。所以巴尔扎克在跟别人谈事情时，会突然冒出一句："好吧，让我们回到现实里，来谈谈赛查·皮罗多[1]这个人吧。"同样地，对于坠入情网的人来说，他所爱之人永远临在，而且无处不在，仿佛全世界都被纳入他所爱之人中。基本上，对于坠入情网的人来说，世界根本不存在，所爱之人排挤了世界，取代了世界。因此在一首爱尔兰民谣里，恋爱中的人说："爱人啊，你是我的世界。"

且让我们把这种浪漫的表白摆在一旁，而在"坠入情网"中看出一种次级的精神状态，一种暂时的痴愚。我要再重复一次，在此我指的不是严格意义上的"爱"，而是"坠入情网"。

各位可以看出，这种对爱的描述跟司汤达所谓的爱正好相反。"结晶论"认为爱在所爱的对象身上添加了许多东西，但其实不然，我们坠入情网，把所爱的对象以不正常的方式隔离出来，为了这个对象而忘了世界，如同一只鸡站在一道将它催眠的粉笔线之前，呆若木鸡，动弹不得。

我这样说并非要贬低爱的伟大现象，爱的现象有如闪电一般，在各个民族和人类的命运中神奇地闪现。爱是无比高贵的创造，是心灵和身体共同参与的美好成就。但我

1.他是巴尔扎克小说《赛查·皮罗多盛衰记》中的人物。

们不能否认，爱在萌发之时必须倚靠许多机械化的次等过程，这些过程缺少真正的精神成分。爱的确十分珍贵，但爱的每一项先决条件都笨得可以，而且是以机械化的方式进行。

例如，凡是爱情都跟性本能有关。爱情把性本能当成一种原始力量来使用，一如驾驶帆船的人利用风力。"坠入情网"就属于没有精神成分的机械式过程，随时准备好盲目地启动，被爱情所利用，被爱情这个优秀的骑士所驾驭。别忘了，若没有无数低层次的机械化过程来效劳，我们所看重的高层次精神生活就不可能存在。

所谓的"坠入情网"是精神窄化的状态，是一种心理上的狭心症，这种状态一旦发生在我们身上，我们就没救了。一开始我们还能够挣扎，可是当投注在一个对象身上的注意力越来越大，对宇宙中其余的人、事、物越来越不感兴趣，当注意力不成比例的分配超过某种程度，我们就再也无力阻止这个过程。

注意力是一件高尚的工具，可以调节我们的精神生活。注意力一旦麻痹，我们就毫无移动的自由。若想拯救自己，必须再度扩展我们的意识场域，为了达到这个目的，必须把新的对象纳入意识中，夺回所爱之人占据的优先地位。假如我们在坠入情网的病态中能够以正常的注意力来看待所爱之人，就能打破那股魔力。但是要这么做，必须把注意力转移到其他事物上，即走出完全被所爱之人占据的意识。

坠入情网让我们进入了一个密闭的场域，世界的其余部分都无法渗入。任何外在事物都无法挤入，从而无法打开一道缝隙，让我们由此逃出去。坠入情网之人的心灵闻起来就像有霉味的病房，也像不流通的空气，从同一个肺里吐出来，然后再吸进去。

因此，凡是坠入情网都有走火入魔的可能。如果任由该状态自行发展下去，它就会越演越烈，直到可能的最大限度。

两性中的"征服者"都很清楚这一点。一个女子的注意力一旦专注在一个男子身上，他就能轻易地占据她的所有思绪，他只需要玩玩一收一放、忽冷忽热、一会儿出现一会儿消失的简单游戏就够了。这种伎俩对女子的注意力所起的作用就像一个抽气泵，最后让世界上其余的东西在她心里完全消失。西班牙文中用"吸光了理智"（Sorber Los Sesos）来形容这种状态真是贴切。绝大部分的爱情关系都局限在玩弄对方注意力的机械式游戏中。

唯有旁人的重重摇撼才救得了坠入情网之人，类似一种被朋友强迫接受的治疗。很多人都知道距离和旅行能够有效治疗坠入情网之人，这是让注意力恢复正常的良药。

远离所爱之对象，让我们的想象力得不到养分，无法从所爱之人身上得到新内容来维持我们的注意力。通过旅行我们被迫走出自我，必须解决千百种小问题，脱离了日常生活的框架，接触到种种新鲜的事物。于是旅行突破了那个魔箍，在我们被隔绝的意识上打开缺口，正常的观点得以随着新鲜的空气从这个缺口钻进来。

现在或许有读者想要反驳说，在生活中，也会有紧急而严重的事务以超乎寻常的程度抓住我们的注意力，例如政治或经济方面的事务。如果我们把坠入情网定义为注意力专注于另一个人身上，就无法跟生活中的其他情况区隔开来。

然而，这两者之间有根本的差异。在坠入情网时，注意力是自动、自发地凝聚在另一个人身上。相反地，在处理事务时，注意力是被迫停留在那上面，并不符合注意力本身的兴趣。我们摆脱不了这些必须处理的事务，而这几乎算得上是众恶之源。在六十年前，冯特[1]首先对主动跟被动的注意力加以区分。如果街上有枪声响起，所引起的就是被动的注意力。那个不寻常的声响钻进我们的意识中，

---

1. 威廉·冯特（Wilhelm Maximilian Wundt，1832—1920），德国心理学家、生理学家与哲学家，被称为实验心理学之父，现代心理学的奠基者之一。

迫使我们去注意。相反地，并没有什么东西强迫坠入情网之人去注意所爱之人，他的注意力是主动地投向所爱的对象。

假如从心理学的角度谨慎地分析这个问题，其实还应该提到一个特殊的矛盾情况，在此情况中，我们的注意力被抓住既是出于兴趣，也是出于被迫。不过，在此姑且搁置不谈。在正确理解的情况下，我们可以说凡是坠入情网之人都是自己想要坠入情网，这一点就把坠入情网跟病态的执迷区分开来，坠入情网毕竟还是一种正常的现象。执迷之人眷恋其执念不是出于本身的兴趣，这种情况的可怕之处在于，执念在他的意识中具有被外力强加而来的性质，仿佛来自一个不知名、不存在的"他人"。

除了坠入情网之外，只有在一种情况下，我们的注意力是出于本身的意志而紧紧凝聚在另一个人身上的，那就是恨。爱与恨在各方面都是两个敌对的孪生子，相同而又对立。一如爱会油然而生，恨也会油然而生，而且发生的次数同样频繁。

当我们从爱情中醒来，会有大梦初醒的感觉，宛如走出了梦境的深谷。我们意识到正常的视野变得宽广，空气也变得流通，明白心灵在爱情中所承受的隔绝和贫乏。如同大病初愈之人，我们还会有一段时间觉得恍惚、敏感而忧郁。

坠入情网的过程一旦展开，就以极端单调的方式进行。任何人坠入情网的方式都一样，不分智愚，不分老少，不管是小市民还是流浪汉都一样。由此就证明了坠入情网过程的机械性。

在这个过程中，唯一不完全是机械性的只有其开端，因此它格外引起爱情心理学家的好奇。是什么让一个女子的注意力紧紧系在一个男子身上，又是什么让一个男子的注意力紧紧系在一个女子身上？相对于那些被视若无睹的其他人，是哪些特质让一个人获得这种特殊待遇？这无疑是最有趣的问题，但也非常错综复杂。因为尽管所有人坠入情网的方式都一样，他们爱上的对象却不相同。没有一种完美能够让所有的人为之着迷。

哪些特质能唤醒爱情，爱情上的偏好又有哪些不同的种类？在处理这个棘手的问题之前，我想先指出在麻痹注意力这项特质上，坠入情网跟神秘主义及催眠状态之间的相似之处令人惊讶，尤其是与后者的相似之处具有重大意义。

坠入情网、出神与催眠

当主妇发现家中女仆开始忘东忘西，就知道她爱上了某人。那个可怜的女孩无法集中精力把注意力放在周围的事物上，她神情恍惚，若有所思，在内心端详着所爱之人的影像，那个影像总是在她心里。这种若有所思使得坠入情网之人看起来像个梦游症患者，像个"着了魔的人"。事实上，坠入情网的确是一种着魔的状态。特里斯坦所喝的爱情药酒向来是种象征[1]，暗示着"爱"的过程。

日常生活用语反映出人类几千年的观察，其中藏着与心灵有关的知识宝藏，极为准确，而且尚未被挖掘。爱所

---

1. 在瓦格纳歌剧《特里斯坦与伊索尔德》中，特里斯坦与伊索尔德因误喝了爱情药酒而陷入热恋。

唤醒的感觉总是被称为"蛊惑人的魔力"，这个说法来自施加于所爱之人身上的黑色魔法。由此可以看出，众人创造的语言点出了坠入情网之人所陷入的非常状态。

最古老的诗句是咒语，被称为 Cantus 和 Carmen。有魔力的行为和其结果称为 Incantatio，西班牙文中的 Encanto 就是源自于此，意思是"令人着迷"，法文中的 Charme 则来自 Carmen，意思是"魅力"。

不过，就算坠入情网和魔法有关，在我看来，坠入情网跟神秘主义之间的相似之处要比大家所想的更为深刻。不同时代的神秘主义者都使用与情爱有关的语汇和意象，这种惊人的一致性早该让人发现二者本质上的相似。凡是研究神秘主义宗教现象的人全都注意到了这一点，却认为只要将它解释为隐喻即已足够。

大家看待隐喻就跟看待时尚一样，认为只要把一件事情归类为隐喻或是时尚，事情就解决了，不需要再加以深究。其实，隐喻和时尚跟其他现象一样，具有同样的现实内涵，也遵循同样严格的法则，就跟天体运行于其轨道上一样。

虽然研究神秘主义的学者都知晓神秘主义者经常使用与情爱相关的词汇，却没有人注意到一件与此现象互补的事实，即坠入情网之人也喜欢使用宗教的词汇。柏拉图认为爱是一种"神圣的疯狂"，而恋爱中的人都"膜拜"其爱人，在她身边觉得"如在天堂"，诸如此类。爱与神秘主义之间词汇的交换使用不免让人揣测两者有着深刻的共同点。

事实上，就心灵的运作方式而言，神秘主义的经验跟坠入情网很像，就连在令人疲乏的单调上也相同。一如所有恋人都以同样的方式坠入情网，不同时代、不同国家的神秘主义者也在相同的轨道上运行，而且严格说来，他们所说的事情也相同。

随便一本神秘主义的书籍，不管是来自中国、印度、阿拉伯、德国或西班牙，它都是一本进入乐土的指南，一种将心灵领向神的引导。其过程和工具总是相同，只有外在和细节上有所差异。

教会对神秘主义者向来没有什么好感，这一点我能理解，也有同感。教会似乎是害怕这些心灵的冒险家会有损宗教的声誉。出神之人心智不够清明，也缺少节制，跟发狂之人相差无几。儒家的士大夫对道家的神秘主义者也存在相同的轻视，就跟天主教的神学者轻视修女一样。凡是狂热的心灵都会偏好神秘主义者的混乱和心醉神迷，胜过神职人员（即教会）清晰而有秩序的理性。我很抱歉，在这一点上无法认同狂热的心灵，原因在于真实性的问题。我觉得任何一种神学派都能教给我们更多关于神的事，让我们对神性有更清楚的概念和认知，超过所有神秘主义者一切出神经验的总和。因为，与其对出神之人抱持怀疑的态度，不如先听听他所说的话，体会他沉浸于天堂之后带回来的感受，再看看他的收获是否值得费那般力气。而事实是，如果我们随着神秘主义者踏上他那庄严的旅程，就会发现他其实说不出什么有意义的话来。我认为欧洲即将出现一种新的神的经验，并对这种最重要的经验有一番新的理解，但我认为这不会通过神秘主义的地下幽径，而将在推理思考的光明大道上发生，即通过神学，而非出神。

不过，还是让我们再回到原先的主题上吧！

神秘主义也是一种注意力的现象。神秘主义的养成第一步就是把我们的注意力专注于某件东西上。专注于什么东西上呢？最有智慧、最高尚也最严格的瑜伽出神技巧大方地揭露了一切步骤的机械化性质。瑜伽的技巧对这个问题的答案是：专注于任何一件东西上。也就是说，这个体验并非取决于所专注的对象，也不是受到对象的驱使，对象只是一个借口，好让心灵保持在一种不寻常的状态。

神秘主义要人把注意力专注于一件东西上，纯粹只是作为一种手段，好把其余的东西排除在外。在通往神秘主义的路上，首先要放空我们的意识，放掉意识中平常所含有的各种事物，这些事物让我们的注意力在正常状况下容易转移。因此，圣十字若望[1]认为"安静的屋子"是之后每一步进展的起点。要麻痹欲望和好奇心，圣女大德兰说要"放掉一切事物""让心灵挣脱"，即切断把我们与世界相连的缆绳，以便"沉入"唯一一件事物当中。同样地，印度教的神秘主义入门也订出了这样的条件："无视花花世界，无视差异。"

平常我们的心灵在许多事物之间游动，唯有把注意力集中在一件事物上才能驱逐其他事物。印度人称这种练习为遍禅（Kasina），可以用任何一物作为对象。举例来说，沉思者在身边放一块黏土板，然后坐在旁边加以凝视；或是从高处向下注视溪水的流动；或是观察池塘里光线的反射；或是生一堆火，在火堆前面放一个屏风，在屏风上钻一个洞，通过那个洞凝视火焰，诸如此类。所有这些练习都是为了达到前文中提到的抽气泵的效果，坠入情网之人就是通过这种抽气泵来"吸光彼此的理智"的。

如果没有事先把心灵清空，就不会出现神秘主义的出神状态。圣十字若望说："因此神命令，放置祭品的祭台应该是中空的，好让心灵明白神希望心灵里空无一物。"

---

1. 圣十字若望（Saint John of the Cross，1542—1591），西班牙神秘主义者，加尔默罗修会的改革者，强调默祷与沉思的神学家。

要避开神之外的一切，德国一名神秘主义者的说法更为有力："我回到出生之前。"而圣十字若望说得很美："我卸下了一切忧虑。"

接下来是最令人吃惊的部分。神秘主义者向我们保证，一旦心灵把所有其他的东西清空，神就会出现在面前，神就会充满心中，意思是神就存在于这种空无之中。因此，埃克哈特[1]说到"神之沉默沙漠"，圣十字若望则说到"心灵的黑夜"，虽然黑暗却又充满了光，但由于满到只有光，这光碰不到任何东西，遂变成黑暗。"此即经过净化的心灵所拥有的，心灵除去一切偏好与认知，无所谓欣喜，也无所谓理解，停留在空无、阴影与黑暗之中，敞开心灵来包含一切，达成宗徒保禄所谓的'似乎一无所有，却拥有万有'的状态。"在另一处，圣十字若望以动人的措辞把这种饱满的空无、明亮的黑暗称为"有声的孤寂"。

由此可见，神秘主义者就跟坠入情网之人一样，把注意力专注于一个对象上，来制造出那种异常的状态，该对象最初的作用只在于把注意力从其他所有的事物上移开，让心灵能够处于空无的状态。

因为，当神秘主义者无视其他一切事物，唯独把目光

---

1. 埃克哈特（Meister Eckhart，约 1260—1327），德国神秘主义者、神学家及传道者。

望向神时，这还不是神秘主义道路上最隐秘的"楼台"、最高的山峰。我们可以注视的神并不是真的神。神若是有界限、有形象、有特质的，可以成为注意力专注之对象，就跟世上的事物太过相似，不可能是真正的神。因此，神秘主义者的书中才会出现令人感到矛盾的教导，向世人保证最高的境界乃是"连神也不想"。他们这样说的理由很明显：通过"想着神""沉入神之中"会达到一个瞬间，在那一瞬间，他不再位于心灵之外，不再与心灵有所分别，不再是与心灵相对的外在之物。也就是说，他不再是外在之物，而成了内在之物。神进入了心灵中，与心灵糅合在一起，或者反过来说，心灵在神中溶解，不再感到他与自己有别。这就是神秘主义者所追求的"与神联合"。圣女大德兰在《七宝楼台》（*El Castillo Enterior*）里说："心灵与神合而为一，我指的是心灵的精神。"不过，别以为神秘主义者只把这种合而为一当成转瞬即逝的经验，一种获得之后旋即失去的感觉。一如坠入情网之人真诚地发誓此情永不渝，出神之人同样彻底而持久地体验到这种合而为一。圣女大德兰特别强调两种融合之间的差别：其中一种"就像两支非常靠近的蜡烛，近到烛光合而为一……但是之后其中一支蜡烛还是可以跟另一支分开，它们仍旧是两支蜡烛"。另一种则"像雨水从天空落进河水或泉水中，所有的水成为一体，无法再把河水与从天而降的雨水分开；也像是一条小溪流入大海，无法再把溪水分隔出来；又像是一个房间里有两扇窗，光线通过窗子照进来，尽管是分别通过两扇窗户，进来之后就合为一道光线"。

与神合而为一是最高的境界，相较之下，神仍旧只是心灵想望对象的状态就略逊一筹。对于这一点，埃克哈特说得很好："真正拥有神是在心灵之中，不在于规律而持续地想着神。人不能只拥有一个被想着的神，因为一旦思绪停止，这个神也就不复存在。"因此，神秘主义经验的最高境界是人像一块海绵一样吸满了神。在这之后，此人可以再回到世上，去关心俗世的烦恼，因为此时他犹如神的傀儡，他在世间的欲望、动作和行为不再属于他。他所做的和遭遇的事都不会扰乱他，因为"他"并不在这世间，不在自己的欲望和作为之中，他受到保护，一切的事物都无法进入他心中。他真正的自己已经到神那里去了，融入神之中，留下来的只是一个机械般的人偶，一个由神所操纵的"受造物"（神秘主义发展到了巅峰总是涉及寂静主义[1]）。

在"坠入情网"的过程中，也有与此相对应的极端

---

1. 寂静主义（Quietism）是一种极端神秘主义的宗教思想，认为修行的最高境界是绝对寂静，摒除外物，与神合一。

情况。当所爱之人有所回应，就会出现一个"融为一体"的阶段，一个"融入对方"的阶段，在此阶段中，双方都把自己的生命之根移植到对方身上，生活、思考、欲望、行为都不是出于本身，而是来自对方。坠入情网之人也不再想着所爱之人，因为他已经跟对方合而为一。就跟所有的内心状态一样，这状态从肢体动作中就能看得出来。固着、入迷、眼里只有对方的阶段符合沉醉和专注的态度，此时所爱之人仍然存在于坠入情网之人以外。在这个阶段，他目不转睛，目光僵直，头部垂到胸前，如果可能的话，身体会蜷缩起来，似乎想努力把身体变成某种向里面凹陷的东西。在封闭的注意力里，我们苦思着爱人的形象。可是一旦达到爱的出神状态，爱人成为我们的一部分，或者应该说他们就是我们，而我们就是他们，此时我们脸上就会绽放出迷人的光彩，洋溢出无比的幸福。目光变得柔和，轻巧地从其他事物上扫过，但并未在任何一物上停留，与其说是看着那些事物，不如说是慈祥地用眼神加以爱抚。同样地，双唇微启、露出微笑，笑意不断溢出，这是傻子的表情，也是入迷之人的表情。由于意识内外都没有可注意的对象，意识失去了自制力，我们觉得轻松，像在漫游，我们所有的活动仅限于任由烟雾从我们的心灵朝着太阳冉冉上升，一如水汽从一片静止的水面上升一样。

　　这就是"得到恩宠的状态"，是坠入情网之人与神秘主义者共同之处。生活和世界不论好坏都与他们无关，对他们来说不再是问题。在正常情况下，我们所做的和遭遇的事会影响我们的内心深处，成为令我们害怕、烦恼的问题，所以我们会觉得自己的生命是一种需要辛苦平衡的重负。可是，一旦我们把生命核心移到另一个生命中，移到位于世界之外的另一个领域中，这个世界发生在我们身上的事就失去了力量，不再对我们起作用。当我们在事物之间移动时，我们觉得自己轻飘飘的，毫无重量。仿佛有两个世界存在，它们有着不同却又互相渗透的空间，神秘主义者只是表面上还活在尘世，他们真正的生活却在另一个领域中进行，在那里只有他们和神同在。奥古斯丁在其《对话录》里说："我想认识神和灵魂。""没有别的了吗？""没有别的了。"同样地，坠入情网之人也是以这种状态活在世上，世人只能微微接触到他感受的表层，对他而言不具有什么意义。他决定自己的生活与世上一切无关，也认为将永远如此。

　　不管是神秘主义，还是爱情，在这种"得到恩宠的状态"中，生活失去了其沉重与苦涩。怀着王侯的慷慨宽容，这个幸福的人对着周围的一切微笑。不过，王侯的慷慨宽容是廉价的，不用费什么力气，这是一种谈不上慷慨的慷慨，而且是出于蔑视。自认为高人一等的人之所以对于无害的较低等人友善，只是因为他不跟他们来往，不跟他们生活在一起。最大的蔑视不是高傲地指责别人的缺点，而是高高在上地以蔑视的眼光去看他人。因此，在神秘主义者及心满意足的情人眼中，一切都很美，一切都值得去爱。因为，当他在出神之后再回来观察事物，他看到的不是事物的本象，而是映象，映照在对他而言唯一存在的事物上：神或是所爱之人。他用这面奇妙的镜子来观察事物，这面镜子会添上事物所缺少的美。如同埃克哈特所说的，放弃万物的人将在神之中重得万物。就像一个人背对着一片风景，却发现那片风景倒映在大海平滑的表面上。亦如圣十字若望的有名诗句：

满溢着神的恩宠，

他匆匆行过树丛，

只朝向那片光亮，

来自他纯净的面容，

伟大的神美化了万物。

神秘主义者如同吸满神的一块海绵，把自己稍微压靠在万物之上，神就流淌出来，赋予万物光泽。爱中之人亦然。

但是，若要感谢神秘主义者或坠入情网之人这种宽容慷慨的话，那就错了。他赞美别人是因为他基本上不在乎他们，他只是从他们之间穿过。其实这些事物若是耽搁了他太多时间，对他而言就是种打扰，就像民众的崇敬之于王侯一样。圣十字若望很精彩地表达出这一点：

> 爱人，把它们挪开！
> 我的行走如同飞翔。

此种"得到恩宠的状态"的幸福之所以出现，都是因为那人置身于世界之外，也置身于自身之外。这是"Extasis"（出神）一词的字面意义：在自己和世界之外。在此我想指出世人有两种基本类型：一类人觉得幸福乃是忘我，另一类则正好相反，他们在感觉到自我时觉得满足。要让自己处于忘我状态有多种不同的方法，从烈酒到神秘主义的出神；同样地，能够让我们感觉到自我的方法也很多，从洗澡到哲学。这两类人在生活的各个领域都截然不同。对于忘我之艺术的拥护者来说，审美的享受在于心灵的悸动。对于另一类人来说，要体会真正的艺术经验，必须保持精神的平静，以便我们做出清晰冷静的观察。

有人问法国诗人波德莱尔[1]他最想在哪里生活,他说:"任何地方……只要不是在这世上。"这是一个追求忘我之人的回答。

一心追求忘我导致各种形式的放纵:酒醉、坠入情网,诸如此类。我的意思并不是它们都具有同等的价值,只是要指出它们都来自同一个枝干,根源是纵欲。人企图摆脱感受到自我时的沉重,从而逃进另一个存在之中,希望从那里得到保护和带领。因此,神秘主义与爱情都使用劫持和诱拐的意象,这也不是偶然。被诱拐意味着并非用自己的脚行走,而是被某人或某物带着走。劫持是爱情最原始的形式,在神话中以半人马的形象保存下来,半人马追猎仙女,把她们扛在自己的背上。

在罗马的婚礼仪式中仍保留着诱拐的风俗。新娘不是用自己的脚走进屋里,而是由新郎抱进去,让她的脚不碰到门槛。神秘主义修女的恍惚出神及坠入情网之人的失神是此一现象象征性的升华。

催眠是人类心理另外一种异常状态,如果我们把出神与"爱"拿来跟催眠做比较,那么前两者之间出人意料的相似就显得更为严肃。

---

1. 夏尔·波德莱尔(Charles Baudelaire,1821—1867),法国诗人,象征派诗歌的先驱,诗集《恶之花》为其代表作。

　　一再有人指出神秘主义与催眠之间惊人的相似之处。两者都会出现精神恍惚和幻觉，甚至在身体上出现相同的副作用，例如失去知觉和强制性昏厥。

　　另外，我一直猜测在催眠和坠入情网之间有特殊的相近之处，但我从不敢把这个想法说出来，我之所以这样猜测，是因为我认为催眠也是一种注意力的现象。不过据我所知，还不曾有人从这个角度来研究催眠，尽管从心理层面来看睡眠显然跟注意力的状态有关。克拉帕雷德[1]在许多年前指出，我们能否入睡取决于我们是否能不在乎周围所发生的事，而把注意力关掉。凡是有助于入睡的技巧都在于把注意力集中在某个对象或机械性的活动上，例如数羊。正常的睡眠就跟出神一样在某种程度上是一种自动催眠。

　　不过，当代最敏锐的心理学家谢尔德[2]就认为催眠与爱情之间极为相似。我将试着叙述他的想法，虽然他的出发点跟我大不相同，但他的想法可以补足关于坠入情网、出神状态与催眠三者之间关系的研究。

　　坠入情网与催眠之间第一组相似之处如下。

---

1. 爱德华·克拉帕雷德（Edouard Claparede，1873—1940），瑞士精神病学家、儿童心理学家和教育学家。

2. 保尔·谢尔德（Paul Schilder，1886—1940），奥地利精神病学家与心理学家，首创以心理学及社会学的观点来研究身体意象。

　　导入催眠状态的那些操纵手法都具有性的意义。犹如爱抚一般温柔地抚摸被催眠者的双手，恳切而令人安心的言语，慑人的目光，有时候还加上带有命令的手势和声音。接受催眠的女性在进入睡眠状态或是刚醒过来时，往往会流露出性兴奋或性满足时特有的恍惚眼神。被催眠者常说自己在那种恍惚状态中感觉到一种温暖、舒服的美妙感觉，也有不少人清楚说出有性体验的感受。这种爱意是针对催眠者而发的，有时候被催眠者会毫不掩饰地把催眠师当成求爱的对象。偶尔被催眠者的性幻想会混合成错误的记忆，从而指控催眠者对他们非礼。

　　在动物界的催眠术中也有类似的情况。有一种蜘蛛，母蜘蛛会吞食追求它的公蜘蛛。唯有当公蜘蛛用它的螯揿住母蜘蛛腹部的一个特定部位，母蜘蛛才会一动也不动地任由公蜘蛛完成交配的过程。

　　在实验室里，只要碰触母蜘蛛腹部这个部位，就能重复麻痹的过程,母蜘蛛会立刻进入一种被催眠的状态。不过，值得一提的是,只有在母蜘蛛的发情期才能得到这种结果。

　　在进行上述观察之后，谢尔德得出结论：这一切让人不由得揣测，人类的催眠也有辅助性欲的功能。接着他不可免俗地转入心理分析，没有对催眠与"爱"之间的关系做更进一步的说明。

对我们来说，他对被催眠者心灵状态的描述比较具有启发性。根据谢尔德的说法，在催眠中被催眠者的意识回复为儿时状态，乐意委身于另一人，在他的权威下休憩。如果没有这样一种关系，催眠师就不可能影响被催眠者。因此，凡是能够提升催眠师权威的事物（例如名望、社会地位、有威严的外貌）都能让他更容易施展催眠术。另一方面，如果一个人不想被催眠，那么催眠就无法进行。

这些叙述可以全盘套用到坠入情网之人的身上。之前我曾指出，坠入情网也总是当事人自愿的，而且包含委身于另一人及在对方那里休憩的愿望，此一愿望本身就让人感到幸福。至于回到相当于儿时的精神状态这一点，可与我提到过的"意识的窄缩"相提并论，即注意力范围的缩小与贫乏。

我不懂谢尔德何以一字未提注意力的运作，催眠的技巧明明就在于让注意力集中在一件物体上，例如一面镜子、一个钻石棱角或一道光线。不同性格的人适合接受催眠的程度，就跟他们坠入情网的程度相当。

因此，在其他条件不变的情况下，比起男性，女性是较佳的催眠对象，而女性也比男性更容易真正坠入情网。不管还有哪些理由可以解释这件事，主要的原因无非是两性的心理注意力结构不同。在相同的条件下，比起男性的心灵，女性的心灵比较容易窄缩，理由很简单，因为女性的心灵更能收拢在一起，更为专注，也更有弹性。之前我已经提过，注意力的职责在于给予心灵一个架构、一种划分。高度统一的心灵才会有高度统一的注意力。可以说，女性的心灵只绕着一个注意力的轴转动，在她生命的每一阶段，这个轴都只停留在一个对象上。要将她催眠，或是使她坠入情网，只需要抓住她的注意力的这个轴即可。相对于女性心灵集中的结构，男性的心灵总是有好几个中心。就心智而言，一个男人越是男性化，他的心灵就越是分散，仿佛被分成各自隔开的抽屉。男性的心灵总有一部分完全献给政治或事业，另一部分充满求知上的好奇，再有一部分则是情爱的想象。男性缺少将注意力统一的倾向，导致他们的注意力极其分散，指向各种不同的方向。男性习惯生活在这样多样化的心灵状态中，生活在许多不同的精神领域里，而它们彼此之间并没有什么必然的关联，因此，如果有人在其中一个领域截获他们的注意力，其实没有什么用，因为他们可以在其他领域里继续不受阻拦地自由活动。

恋爱中的女子清楚感觉到她所爱的男子从不曾完全在她身边，这一点往往令她气恼。她发现他总是有点心不在焉，仿佛他在到她这儿来的时候，把心遗落在世界各地。反过来说，凡是感觉敏锐的男子想必不止一次感到惭愧，因为他无法像女性一样无条件地、全然地投入到这份情感中。因此，男性在爱情中总是自觉笨拙，达不到女性赋予爱情的那种完美。

据此，同一个原理就足以解释女性对神秘主义、催眠和坠入情网的倾向。

再回到谢尔德的研究上，就能看出他在爱情与催眠的相似上加了一个值得注意的重要事实，这个事实具有生理的性质。

催眠的睡眠说到底跟正常的睡眠没有区别，因此，一个想睡觉的人是绝佳的催眠对象。睡眠功能似乎和大脑皮层的某部位之间有着密切的关系，即所谓的第三脑室，睡眠障碍和嗜睡性脑炎都与这个器官的变化有关。谢尔德认为催眠的生理基础就在于此。但是第三脑室同时也是"性欲的节点"，许多性障碍都源于这个部位的病态变化。

我并不怎么相信心理现象与大脑中特定部位相关联。要相信一个脑袋被砍掉的人无法再思考和感觉，这很容易，可是如果我们想把每一种心理功能所对应在大脑中的位置找出来，这就不容易了。这种企图注定要失败，而最简单的原因在于我们对于各种心理功能之间的关联、进行时的秩序及相互依赖的关系所知不足。我们在描述时可以很容易地把一项心理功能隔离出来，称之为看、听、想象、回忆、思考或注意，可是我们不知道在"看"之中是否已经掺有"思考"，也不知道"注意"是否涉及"感觉"，或是"感觉"也涉及"注意"。如果各种功能之间没有确切的划分，那么要分别标出它们在大脑中的位置就很困难。

然而，这份怀疑是为了鼓励科学家进行更深入、更严谨的研究。例如，依照谢尔德的说法，睡眠、催眠与爱情共享一个大脑皮层部位，那么研究大脑的科学家就该检查注意力是否会在这个大脑皮层部位引起任何直接或间接的反应。由于催眠、爱情与出神之间存在着密切的相似之处，可以推测出在神秘主义的出神状态中也有第三脑室的参与。倘若果真如此，那么在出神之人的自白与神秘主义的叙述中何以一再使用与爱情有关的词汇，这个问题就能得到最终的解答。

心理学家阿勒斯[1]在马德里的一场演讲中表示，他不认为神秘主义源自两性之爱，或是两性之爱的一种升华。我认为他的看法十分正确。

神秘主义过去喜用的情爱理论充满令人厌烦的陈腔滥调。不过对我来说，问题不在这里。我并未宣称神秘主义是源自"爱"，只表示两者有共同的根源，而且两种心灵

---

1. 鲁道夫·阿勒斯（Rudolf Allers，1883—1963），奥地利医生及精神病学家，是弗洛伊德的学生，后任教于美国。

状态类似。意识在这两种状态中的表现形式几乎相同，也在感觉中唤起同样的共鸣，神秘主义与爱情的词汇都在传达这种共鸣。

在这一章的最后，我想再次提醒读者，我在此章中所描述的只是整个爱的过程中一个特定阶段，即"坠入情网"。至于"爱"则是人类更深、更广也更严肃的一项成就，但相形之下比较不激烈。凡是爱都会经过"坠入情网"的炽热，相反地，在"坠入情网"之后不见得必定会有真爱发生，所以切勿把部分跟整体混为一谈！

世人喜欢用爱情的激烈程度来衡量爱的价值，本章就是为了驳斥这种普遍的错误而写。激烈是"坠入情网"的特质，跟爱本身无关，而"坠入情网"是一种次级的心灵状态，接近机械化，即使没有爱的真正参与也能产生。

爱情不够激烈的确有可能是源自当事人的软弱。不过，撇开这种情况不谈，我必须要说，一种心理行为在心灵的高下秩序中所处的位置越是低下，越接近盲目的生理作用；离心智越远，也就会越激烈。反之，随着心智参与的程度提高，情感就会渐渐失去机械化的激烈。饥饿之人的饥饿感永远会比正义之人的正义感来得强烈。

爱之对象的选择

一

　　人类的性格最重要的核心不是源自想法和经验，也不是由性情所构成，而是由某种更加细微、更难以掌握的东西所组成，这种东西的存在先于性情、想法和经验。人类就像一个天生的好恶系统，每个人都带有这样一套系统，跟旁人的系统或多或少相似，就像一个由好感与反感构成的电池，充饱了电，准备好去进行"赞成"或"反对"。我们的心像一部机器，选择性地对事物加以偏爱或摒弃，也是性格的载体。在尚未认识世界之前，心就驱使我们朝向某个方向或某种价值。因此，我们对于那些具有我们所偏好之价值的事物很敏感，对那些无感的价值则视而不见，就算两者间的价值相等或者后者更高。

要知道，在与他人的共同生活中，我们最在意的莫过于弄清楚对方的价值观，即他的价值判断系统，这套系统是他最终的根本，是其性格的基础。同样地，历史学家若想了解一个时代，首先得了解主宰该时代之人的价值标准。否则文献中所记载的事实和陈述就是死的，只是谜题和难解的文字。旁人的言行对我们来说也一样，在尚未看出其言行背后所隐藏的原因以及该原因背后的价值观之前，它们都是谜。深层的原因与核心的确是隐藏的，就连对怀带着此一核心的我们来说都有一大半是隐藏的（或者应该说是这个核心怀带着我们）。它在暗中起作用，躲在性格黑暗的地下室里，我们很难看见，一如我们很难看见自己脚下踩着的土地，眼睛无法看见自己。除此之外，我们的生活还有一大部分是善意的伪装，是自己演给自己看的。我们假装出不同于本质的存在方式，而且是很诚实地假装，不是为了欺骗别人，而是为了让我们在自己眼中值得尊重。我们是饰演着自己的演员，社会环境和我们的意志通过表面的影响来决定我们的本质，操控我们的言语和行为，有时候排挤了我们真正的生活。如果有人花一点时间来分析自己，他就会吃惊，说不定是震惊地发现，"他的"想法和感觉中有很大一部分不属于他，不是自然而然地发自内心，而是从社会环境中落在他心灵外壳上的公共财产，就像路上的灰尘落在行人身上一样。

因此，要探索他人心里的秘密，言行不是最好的工具。言语和行为都由我们掌握，可以是虚伪的。一个通过犯罪累积财富的坏人也许有一天会做出一件好事，但他仍旧是个坏人。比起言语和行为，更应该去注意那些看起来不太重要的东西：姿态和表情。正因为姿态和表情并非刻意流露，它们能意外地透露出心底深处的秘密，而且准确地将之反映出来。

不过，就在人生的某些情境或瞬间，人会不自觉地流露出根本性格的一大部分。爱情就是这样的一种人生情境。不论男女，对爱人的选择都能揭露出他或她的基本性格。我们偏好哪种类型的人，就彰显出自己心灵的特质。爱像是一阵浪潮，从心灵深处涌上来，当这股浪潮抵达我们看得见的生活表层，就会把底部的海草和贝壳一起冲上来。了解大自然的人便能根据这些来自海底的东西描绘出海底的景象。

说到这里，会有人想拿一般经验来反驳我，说我们认为十分出色的女子往往会喜欢上鲁钝而平庸的男子。但是，做出这种判断的人几乎总是为表象所欺骗。他们此言是从远处而发，但爱情是一种编织得再细致不过的布料，只有在很近的地方才能看得清楚。在许多情况下，这种好感只限于表面，实际上并不存在。从远处观之，真爱与假爱的姿态相同。不过，如果那的确是真爱，我们该如何看待它呢？只有两种可能：若不是那个男子比我们认为的更有价值，就是那个女子不如我们以为的那么好。

谈到所谓的"性格"，我曾经一再在谈话中和课堂上提出上述想法，而我发现这总是会先引起一阵反驳和抗拒。既然该想法本身并无伤人或尖刻之处（为什么我们不能坦然承认爱情彰显出自己隐藏的本性），这种不自觉的反对就仿佛证实了其真实性。我们自觉在一个未受掩护的部位遭到突袭，而我们一向讨厌被别人根据不小心流露出来的本质来评断。别人趁我们不注意时逮住了我们，这令人愤怒。我们希望能事先收到告知，好让我们像在拍照一样，能够摆好姿势，让别人根据有意识摆出来的态度来下评断，这就是一般人会害怕快照的原因。但是事实很清楚，若要研究人类的内心，最引人入胜之处就在于趁人未曾预料时钻进其内心，当场把他的心逮个正着。

假如人的意志能够完全取代其自发反应，那么也就缺乏潜入人心底的诱因。然而，意志只能暂时阻挡自发的反应。就漫长的一生而言，意志对性格的干预可以说几乎毫无效果。人的本质容许通过意志来做某种程度的造假，在这个范围内，可以合理地称为使生命更为丰富和完美，而不称为造假，这是心智——理智与意志——揉捏我们原始本质时留下的指印。我们固然尊重心智力量美妙的干预，但也必须节制我们的期望，不要以为心智力量的影响能够超越那个程度。一旦超出范围，真正的造假就开始了。一个毕生都违反本身自然倾向的人，天生就倾向于虚伪。的确有人虚伪得很诚实，或是生性造作。

当代心理学越是深入探究人性，就越加发现意志和心智一般而言并不肩负创造的任务，而只负责指挥。意志不会移动，只是约束着有如植物般自我们心灵深处冒出来的冲动，这些冲动先于意志而存在。意志的干涉属于消极性质。倘若有时候看起来并非如此，那么原因在于：在倾向、嗜好和欲望错综复杂的关系里，其中一方往往会对另一方形成阻碍。当意志突破了这层阻碍，允许之前受阻的倾向自由涌出、完全伸展，这时意志便看起来仿佛具有一种积极的力量。然而，仔细加以检视，会发现意志只是打开了闸门，让原本即已存在的冲动宣泄出来。从文艺复兴时期以来，人类最大的错误在于相信笛卡儿的说法，认为我们是靠着意识而活，即人类本质的一小部分，能够清楚看见的那一小部分，意志在其中发生作用的那一小部分。声称人是理性而自由的，这种说法在我看来近乎谬论。我们固然拥有理性和自由，但这两种能力只构成我们整体本质外部一层薄薄的表皮，而此本质的内部既不理性也不自由。甚至构成理性的观念是现成的，来自位于意识下方的黑暗深渊。同样地，在心智明亮的舞台上，欲望犹如演员，已经穿上戏服，念着台词，从神秘的朦胧背景中走出来。如果认为剧场就等于在灯光明亮的舞台上演出的那出戏，那就错了。同样地，如果说人类是靠着意识和心智而活，我认为这种说法至少是有失准确。事实上，撇开意志那些肤浅的干预不谈，驱动我们的是一种非理性的生活，它通向我们的意识，且源自那个隐藏的洞穴、看不见的深渊，那才是真正的我们。因此，心理学家必须成为潜水员，潜入人类言语、行为、思想的表面之下，凡是言语、行为和思想都只是被导演出来的，重点藏在这一切的背后。对观众来说，看到哈姆雷特在赫尔辛格的城堡露台上流露出恍惚的神情就够了，心理学家则等着他退下舞台，好在帷幕的阴影中研究那个饰演哈姆雷特的演员是谁。

因此，心理学家很自然地会寻找裂缝和活板门，好让他进入别人的内心深处，而爱情就是这样一个活板门。那位希望别人认为她与众不同的女士想要蒙骗我们却徒劳无功，我们看见了她爱着某先生，而某先生既庸俗又粗鲁，只在乎他的领带是否完美，他的劳斯莱斯是否光亮。

二

我们在选择爱的对象时显露出最真实的内心，这个想法会招来几种反对意见，也许其中有些足以动摇此想法的真实性。不过，那些被提出来的反对意见，在我看来不切实际，也不够严谨，失之草率。大家忘了，爱情心理学只能以微观的方式进行，心理学研究的对象越是与内心有关，细节就越重要，而爱是一种最为内在的现象。也许只有一种经验比爱更为深刻，即被称为"形而上的感受"的经验，也就是我们对于宇宙最重要、最根本的印象。

这个"形而上的感受"是我们所有其他行动的基础与支柱，不管是什么样的行动。人人都有这个感受，只不过并非人人都同样明白自己怀有它。我们对于整体现实最原始的态度会决定世界和生活带给我们的滋味。我们其余的思想、感觉、欲望都是在这个基本态度上移动，以它为基础，沾染它的色彩。这种原始的生命感受在爱情经验的形态中最为直接地表现出来。根据爱情经验的形态，我们得以推测出旁人把他的生命投向何处，而这是最值得探索的事。我们要知道的不是他人生活中的小故事，而是他把自己的生命押在哪张牌上。我们全都隐隐知道，在我们的本质中，在比意志掌控的层次更深的层次里，已然决定了我们所属的生命类型。经验和反复思量毫无用处，我们的心紧紧依附着既定的轨道，以本身的重力围绕着艺术、政治野心、感官欲望和金钱转动，就跟一颗行星一样固执。一个人在旁人眼中的生命往往不合乎他内在的天性，宛如带着令人惊奇的假面具：这个生意人其实是个重视感官享受的人，那个作家的野心其实是看重政治权力。

普通的男子几乎"喜欢"所有他遇到的女性，此现象足以凸显出爱情的选择是更深一层的选择。我们只要小心，别把爱跟喜欢混为一谈。一个漂亮女孩走过时刺激到男性的感官，而男性的感官要比女性的更容易受到刺激（这样说是对男性感受力的一种赞美），这种刺激使他不自觉地想接近那个美丽的女孩。这种回应是如此自然，如此机械化，以至于就连教会也不敢将之视为罪过。从前的教会是个杰出的心理学家（很遗憾，过去这两百年来，教会变得如此退步），因为教会能清楚看出凡是"最初的冲动"都是无辜的。因此，当有女子从他面前婀娜走过，男性受到吸引而起的最初的冲动亦属无辜。如果没有最初的冲动，也就不会有其他的一切——既没有善也没有恶，既没有恶习，也没有美德。尽管如此，"最初的冲动"这个说法尚未道出一切。之所以称为"最初"的冲动，是因为这种冲动来自受到刺激的表层，那人的内心并未参与。

事实上，几乎每个女子都会在男性身上产生的吸引力通常并不会引起响应，或只是引起负面的响应。这种吸引力宛如本能对性格核心发出的信号，如果核心对在表层吸引着我们的人萌发出爱慕之情，这个响应才是正面的。爱慕之情一旦萌发，就会把心灵的轴心跟外部的感受连接在一起；换句话说，我们不再只是表面受到吸引，而是用自己的双脚朝着这股吸引力走去，把整个生命投入进去。简而言之，我们不再只是被动地受到吸引，而是主动参与其中。两者之间的差异很大，就像一个人是被拖着走，还是主动地走。

这种主动参与就是爱；它比较我们感觉到的无数吸引力，把其中绝大部分排除在外，而在其中之一停留。在本能的宽广范围中，可以说爱做出了一种筛选，在此可看出本能所扮演的角色。同时也看出本能所受到的限制。如果想要厘清爱情的领域，首先必须界定性本能在其中扮演的角色。说男女之间的真爱与性完全无关，这种说法很愚蠢，但是认为爱情就等于性欲也同样愚蠢。两者有很多差别，我只提出一个最基本的，即本能倾向于无限扩大能满足它的对象，爱却有专一性。这种相反的倾向在一件事上即可清楚看出，即对一个特定女子的爱慕能让男性不再受其他异性吸引。

因此，爱就其本质而言即选择。由于爱来自一个人的核心，自心灵深处升起，决定爱的选择原则也就是最内在、最秘密、塑造出我们个人性格的价值判断。

前文中提到，爱仰赖细节而活，以微观的方式进行；本能则是宏观的，被一种整体印象所唤起。我们可以说，本能与爱跟其对象之间的距离不同。刺激本能的美丽很少会唤起爱情，假如并未动情之人跟坠入情网之人比较同一个女子在他们眼中的美丽之处，他们会惊讶于彼此意见的不一致。未动感情之人会看出脸部和身形大致轮廓的美，也就是一般人所认为的美。对于坠入情网的人来说，所爱之人的大致轮廓、从远处即可辨识的整体形貌已然模糊而不复存在。如果他够诚实，他就会赞美她身上一些不相关的小小特质，像是眼球的颜色、嘴角、音色等。

他若是分析自己的感觉，随着这份感觉的轨道，从内心朝所爱之人移动，就会发现爱缠绕在那些小小的特质上，并时时刻刻以此来喂养自己。因为，爱的确不断地喂养自己，吸满了爱的理由，通过看着所爱之人的美，不管是真正的美，还是想象出来的美。爱活在一种不断自我确认的形式中（爱是单调、固执而迟钝的；一句话就算再有见地，也没人受得了听着别人一再复述，可是恋爱中的人却希望一次又一次听见爱人说爱他。反之，如果一个人并不爱对方，那么对方的爱就会由于这种难以忍受的单调而令他不耐烦）。

指出外貌及神情的细节在爱情中扮演的角色，这一点很重要，因为这些细节最能彰显我们所爱之人的真实本质。当然，另一种美（从远处就能看出的美）并非完全不具有表达的意义，它也把内在的生命呈现于外，但那种美主要具有独立的审美价值，一种客观的魅力，即"美丽"这个词的含义。依我之见，若以为有人会对这种显然之美倾心，那就错了。我常注意到，男人很少爱上完全符合自己审美标准的女性。在每一个地方都有几个"公认的美女"，在剧院或是宴会上大家会去注意这些女性，如同注意公共场所的纪念碑，可是她们很少是某个男子热爱的对象。这种美明显是审美上的美，以至于把那个女子变成了一件艺术品，跟他人之间产生了距离，离得很远。大家欣赏她们（欣赏本来就以距离为先决条件），可是并不爱她们。想亲近她的渴望从一开始就不可能存在，但这种渴望是爱情的先锋。

在我看来，真正唤醒爱情的特质并非外形上的匀称或完美，而是表达出某种生命形态的妩媚。反之，当我们的心出于虚荣、好奇或蒙昧而卷入一份假爱之中，针对对方某些特质而隐隐感觉到反感就表示那并非真爱。而对方的脸部从标准美的角度来看若显得不匀称或不完美，只要没到畸形的地步，都不会动摇爱。

美的概念就如同一块昂贵的大理石板，压住了爱情心理学能探讨出的一切细致和丰富。如果有人说，某个男子爱上了一个他认为美丽的女子，大家就认为这说明了一切，但严格说来，其实什么也没说明，这个错误来自柏拉图的遗绪（古希腊哲学渗入了西方文明的哪些层面实在难以估量，即便是最普通的人也会使用柏拉图、亚里士多德、斯多葛学派的词汇和概念）。

是柏拉图把爱跟美永远连在一起。只不过对他而言，"美"并非指身体的完美，而是泛指完美，在古希腊人眼中代表一切有价值的事物，某种程度上指的是一种形式。美即是"善"，这种独特的用字把之后所有关于爱的思考都导入了歧途。

爱要比醉心于一张脸的轮廓和脸颊的红晕更为庄严，也更有意义；爱是对某种人性形态的肯定，此一形态象征性地呈现在脸部的细节、声音和姿态中。

柏拉图说爱是在美中生育的欲望。"生育"等同于创造未来，"美"等同于最好的生活。爱包含了与某种人类生命类型的内在连接，它在我们看来是最好的，而我们在另一个人身上发现这个类型的雏形。

敬爱的女士，这番话听起来也许抽象、混乱而不切实际。不过，在这个抽象概念的引导下，我却从你刚才投向甲先生的目光里发现了一件事——生活对你的意义是什么。让我们再喝一杯鸡尾酒吧！

三

在大部分的情况下，一个男人在一生当中会爱好几次。撇开那些当事人可以自行解答的实际问题不谈，这引发了许多理论上的思考。举例来说，接连发生的多次爱情是否在本质上符合男人的天性，还是说这是种缺陷，一种留在男性体内原始而野蛮的残余物，应该加以谴责？一生只爱一次是完美而值得追求的理想状态吗？就这点而言，在一般的男性和女性之间可有任何差别？

现在我想避免去回答这些危险的问题，不擅自对此表达个人意见，只是单纯地接受不容争辩的事实，即男性几乎总是会爱好几次。由于我们关心的是爱最纯粹的形式，姑且撇开同时爱上多人不提，只看先后爱上这一种。

我前面说过，对爱之对象的选择揭露出了一个人的本质，这岂不是跟男性一生中会爱好几次的事实严重抵触？不无可能。不过，我首先得提醒读者一个平凡的事实，即爱情经验的多次性可以分为两类。有些人在一生当中爱过不同的女子，但显然都坚持选择同一类女性，有时候她们就连身体外貌都很相似。这背后隐藏着一种忠贞，在许多女子的形体之中，其实就类别而言，所爱的女子只有单单一种，这种情形经常发生，为我所捍卫的概念提供了最直接的证明。

不过，在其他情况中，一个男子先后爱上的女子，或是一个女子先后爱上的男子，属于十分不同的类型。从我提出的假说来看，这等于意味着一个人的基本性格会随着时间而改变。这样深入我们本质根源的改变可能发生吗？这个问题对于研究性格的科学来说很有意义，说不定是最重要的问题。19世纪下半叶的人通常认为性格的形成是由外而内，从人生经历、经验中产生的习惯、环境的影响、命运的变化及生理状况沉淀而来。根据这种说法，并没有先于生命事件而存在的个人本质和内心状态，能够独立于这些事件之外。犹如滚雪球，我们是由走过道路上的尘埃积累而成。对这种思考方式来说，既然性格并不具有基本核心，自然也就不会有根本上的改变，因为所谓的性格本来就是不断在改变，它如何形成，也就如何改变。

但是，我认为事情正好相反，说我们是由内而外地生活比较正确。我有重要的理由，此处无法详述。在遭遇外在的命运之前，我们内在的人格基本上已经成形。人生中的偶发事件固然有可能稍微影响内在人格，但内在人格对于偶发事件造成的影响更大。凡是发生在我们身上的事，倘若与我们的本性不符，往往无法渗入我们的内在。可是有人会说，若是如此，也就不会有大幅的改变，我们生来是什么个性，死的时候就也会是什么个性。

其实不然。我的观点具有足够的弹性，可以适应事实的各种情境，能把由外在事件引发的小改变与深刻的转变区分开来。深刻转变所遵循的并非偶然的动机，而是性格内在的法则。这样说吧，如果我们把改变理解为一种发展，那么性格就会改变。一如每一种生物组织，发展是由内在的原因所产生、所指挥的，它们遵循该生物的天性，而天性乃是与生俱来的，就跟其性格一样。读者想必有这样的经验，有时候旁人的改变看起来漫不经心而且毫无道理，除非是另有隐情；而另一些情况中，改变在各种意义上完全与成长相符，犹如新芽会长成树木，秃枝会再发出新叶，花谢之后便会结出果实。

这就是我对先前反驳意见的回答：有些人不会自我发展，性格相对而言不会改变（一般来说是生命较不丰富的人，小市民的典型），他们对爱情对象的选择不会改变，总是落在同一种类型上。但也有一些人具有丰富的性格，有许多种可能性和不同的使命，依序等待开展的时刻，我们几乎可以说这才是正常的情况。人格在一生中会经历两三次大转变，宛如同一个轨道上的不同阶段。今日之生命感并未失去与昨日之生命感的连接，仍然具有连贯的相同性质，但有一天，我们发现自己的性格进入了新的阶段，发生了新的变化。这就是我所谓"具有深刻影响的改变"，既不多，也不少，仿佛我们的内在本质在这两三个时期当中把自转轴偏转了几度，转移到宇宙的另一个象限，朝向另外的星座。

一般人会经历的真正爱情关系，其次数就与这种转变的次数相同：两次或三次。这岂不是饶有深意的巧合吗？此外，每一次爱情关系出现的时间就跟性格发展的不同阶段相关，这不也是个具有意义的巧合吗？因此，若把爱情经验的多次性视为我所提出理论最确凿的证明，我觉得并不算过分。对另一种类型女性的偏好正好适应了另一阶段的生命感。在新阶段，我们的价值观或多或少地改变了（但仍以隐藏的方式与旧的价值观维持和谐），从前我们不曾看重甚至不曾注意到的价值凸显出来，而男子对爱情对象的选择也出现了新的模式。

要把这个想法说清楚，只有小说才是合适的工具。我读过一本小说，书中有个片段阐述的正是这个主题：通过一名男子的爱情经验来描述他的深刻发展。有趣之处在于

作者既想要呈现人物性格上持续的一致性，也想同时呈现
其性格转变的各个不同阶段，试图解释这些转变的鲜活逻
辑及产生改变的必然性。在每一个时期，该男子把那股自
我开展的生命力都集中在一名女子身上，如同探照灯和光
线在浓密的大气中形成的影像。

四

爱是一种选择，它要比一切蓄意的选择具有更大的作
用，这种选择并不自由，而是取决于一个人的基本性格。
如果坚持心理学对人的诠释，这个想法会从一开始就让人
觉得难以接受，但我认为心理学对人的诠释已经过时，需
要加以取代，它显然高估了巧合与机械性的外在事件对于
人生的影响。

大约 60 年前，科学界人士研究出此观点，创造机械论
的心理学。一如其他的新知识，相关观念要经过一个世代
以后才进入受过一般教育的人的意识中。如今，若有人想
把事物看得更透彻一点，就会发现许多人的脑袋里都是这
些陈旧的观念。不管我在此提出的论点正不正确，势必会
跟反向而行的一股思潮起冲突。大多数人已经习惯认为交
织成生命的事件本身没有意义，无所谓好坏，只是由巧合

和机械化的宿命组成。

任何理论若是贬低上述两种因素在一个人命运中所扮演的角色，而试图找出根植于个人性格的内在法则，就会断然遭到拒绝。一大堆错误的观察（指对于自己与旁人爱情关系的观察）阻塞了道路，让我所提出的观点没有机会进入人心、得到理解和评断。再加上读者习惯于误解作者的意思，总是把一些想法强加于作者的想法之上。我所听到的反对意见大多属于这一类，其中最常听到的说法是：如果我们所爱的女子都是能够反映我们内在本质的人，那么爱情就不会经常带来不幸，也不会有不幸的爱情。由此可知，这些读者擅自把我所捍卫的观点（即在爱人者与所爱的对象之间存在着一种心灵的亲睦）与随之产生的幸福连接在一起了。

我却认为这两者之间并没有关联。一个十分虚荣的男子（如属于世袭贵族阶层的男子多半如此，就算他们很潦倒也一样）会爱上一个同样虚荣的女子，这样的选择必然会产生不幸的结果。可是我们别把选择的后果跟选择本身混淆了！在此我想顺带回答其他几个经常重复被提出的疑虑，它们都十分基本而明显。有人说，在许多情况下爱人者弄错了：他以为自己选择的是什么样的人，后来才发现其实不然。在流行的爱情心理学中不是常听到这种老套的话吗？假如这种说法正确，错觉就几乎是常态了。这就是我和他们意见分歧之处。爱是人类生活中最深刻、最严肃的一件事，若有理论假定爱情几乎总是一种错觉、一种纯粹的荒谬和品位的错乱，除非提出令人信服的理由，否则我无法接受。

我不否认这种情形偶尔会发生，一如它也会出现在我们的感官经验中，但这无损于我们对自己正常知觉的确知。但倘若有人坚持把错觉视为常见的事实，那我得说这种观点是错误的，它源自不充分的观察。在这些所谓"错看了对方"的情况中，事实上多半并未出现错觉：对方自始至终都是同一个人，只是我们后来为了因对方本质而产生的后果受苦，就声称自己错看了人。例如家世良好的马德里女孩爱上一个男子，因为他散发出一种放荡不羁的气质，这样的事屡见不鲜。他能处理任何情况，总是有办法解决问题，他的满不在乎和自信令人佩服，事实上是因为他对人对神都毫无敬畏之心。我们不能否认，乍看之下，这类男子的灵活本性赋予他们一种魅力，是一些较有深度的人通常没有的。简而言之，他们属于追求享乐的人。女孩在男子尚未开始追求享乐之前爱上了他，之后他典当了她的首饰，离开了她。女孩的闺中好友安慰她，说她"错看了"对方，但是在她内心深处，她很清楚事实并非如此。她从一开始就料想到这种可能,而这预感也是她爱情的一部分,是那个男子身上最吸引她的地方。

我认为我们应该逐渐扭转大众对爱这种美妙情感的观念,因为爱情变得愚蠢而沉闷,尤其是在这座伊比利亚半岛上。爱情是人类生命里的美妙源泉,应该除去混浊的杂质,让它彰显出来,毕竟这样的源泉并不多。所以,若想弄清楚经常出现的戏剧化爱情事件,就让我们少用"错看了对方"这种假说。

一般人往往认为一个人之所以爱上另一个人是因为对方的身体样貌,由于从身体无法推断出心理,所以错误可能产生,而我们无法说在两人的内在本质之间有一种心灵上的亲近。我不同意这种身体与心理的区分,这种区分也是上一个时代的一大执念。认为我们在看见一个人的形象时"只"看见身体,这完全错误。仿佛我们事后通过魔法,不知怎的替那物质的东西添上了一个不知从哪里来的心灵。但事实正好相反,我们要费极大的力气才能把身体跟心灵分开来想,而这往往很难做到。

不只是在人类的社群中,即便是与其他任何一种生物相处,我们对其形象的外部感知同时也是对其心灵或近似心之物的内部感知。我们从小狗的哀鸣中感受到它的痛苦,在老虎的眼睛里看出它的残忍,因此我们把石头和机器跟有血有肉的生物区分开来。生物在本质上是一个充满心灵电流、充满性格的有形躯体。有时候会有模棱两可的情况出现，我们在感知那个陌生的心灵时会弄错，可是我要再说一次，例外不能否定正常的情况。当我们遇上另一个人，他内在的天性立刻向我们显现出来。尽管每个人生来目光锐利的程度不同，这种对旁人的理解可能或深或浅，但若是少了这种理解，就不可能有最基本的社会生活，人与人之间也将无法相处。我们说的每一个字，做的每一个手势都会有冒犯对方的危险。若跟聋人交谈，我们会特别意识到听觉这个天赋。同样地，我们也会注意到一个人对其他人具有某种直觉，如我们碰到了一个举止不得体的人——在西班牙文里我们说这个人没有"Tacto"，这个说法很妙，因为"Tacto"也有触觉、感觉之意，暗示着内部感知的那种感觉，从而由此感觉我们仿佛在摸索陌生的心灵，感觉其轮廓，感受其性格的柔软或粗糙。大多数人只是缺少表达的天赋，无法"说出"在他们面前的是什么样的人。不过，无法"说出"并不表示他们看不出来。"说出"某件事意味着用概念把某件事表达出来，而在概念形成之前先要经过一种特殊的、理智的分析活动，只有少数人才谙于此道。用语言文字表达出来的知识要胜过那些仅仅是看出来的知识，但后者也仍然是种知识。读者不妨试试看，用语言来描述自己在任何一瞬间之所见，你会惊讶地发现自己对于明摆在眼前的事物能"说"的是那么少。尽管如此，这份视觉的知识却能帮助我们在事物之间移动，并设法加以区分、寻找或避免（例如一种颜色无以名之的明暗变化）。我们对旁人的感知就是以这种微妙的形式起作用，尤其是对我们所爱之人。

所以，我们不能轻率地说男性爱上女性的"形体"（或是女性爱上男性的形体），仿佛这是件理所当然的事，然后发现在形体跟性格之间有所冲突。男人或女人是有可能单纯爱上一具身体的，不过这正好泄露出他们特殊的本质，凡是这样去爱的人都具有一种肉欲的天性。而且我必须补充说明，这样的一种天性（尤其是在女性身上）出现的频率远低于大家的想象。只要仔细观察过女性的心灵，就会怀疑在正常情况下女性会为了"美男子"而产生性兴奋。我们甚至可以预言，哪些类型的女性属于这种规则的例外：第一类是具有部分男性特质的女性；第二类是一直就过着不受约束的性生活的女性（性工作者）；第三类是接近熟龄的普通女性，已经有过完全满足的性生活；第四类则是由于其身心特质而以"大情人"之姿来到世间的女性。

这四类女性有一个共同的特点，使她们对于男性之美产生一致的偏好。众所周知，女性的心灵要比男性更为统一，意思是和男性的心灵相比，女性心灵中的各个元素比较不会彼此分离。因此在女性身上，性欲跟爱恋或倾心之间的关联比较密切。如果没有爱恋或倾心，性欲在女性身上不那么容易被撩起，跟男性不同，女性必须有某种特殊的动机，性欲才会独立出来，自行承担风险，根据其独特的法则而行动。在这四类女性中都有一个细芽能萌发出这样一种独立出来的性欲。在第一类中是由于那种男性气质使得心灵的统一性较小，各种不同能力之间自然产生区分（女性身上的男性特质是人类心理学中最吸引人的主题之一，值得专门加以研究）。在第二类女性身上，这种分道扬镳是通过其职业而产生的。因此，性工作者要比其他女性更容易对所谓的"美男子"有感觉（其实性工作者未尝不是女性身上出现男性特质的一种特例）。至于第三类则十分普通，如同众人常说的，女性的性欲苏醒得比较晚。事实是女性的性欲较晚独立出来，而只有那些长期拥有活跃性生活的女子（即使完全合乎世俗规范），才会真正获得性欲的独立。在男性身上，充沛的想象力能对性欲的发展产生跟实际性行为同样的效果。在女性身上，如果她完全不具有男性特质的话，这种想象力通常很薄弱，女性的羞涩有很大一部分是出自这种想象力的缺乏。

也许这是大自然睿智的先见之明，不让女性拥有自由不羁的想象力。因为若非如此，假如女性拥有跟男性一样活跃的想象力，那么性欲可能早就在地球上泛滥，而人类也已经在狂喜之中消亡。

五

如果爱情果真如同我所言是一种选择，那么我们在爱情中同时具有一种"认知根据"（Ratio Cognoscendi）和一种"存在根据"（Ratio Essendi），在我们判断一个人的道德基础时，可作为一种指标。以古希腊作家埃斯库罗斯[1]所用的比喻来说，在海浪白沫之间漂浮的软木塞预示着拖在粗糙海底的渔网。另一方面，爱情对一个人的生命产生决定性的影响，从而把特定类型的人在重要的时刻纳入人生中，而把其余类型的人排除在外，爱情就这样塑造了个人的命运。在我看来，我们对于自己的爱情关系对一生所具有的巨大影响缺乏足够的想象。因为我们往往只会想到表面的影响，那种看起来具有戏剧性的影响，像是一个男子为了一个女子（或是一个女子为了一个男子）所做的"傻

---

1. 埃斯库罗斯（Aeschylos，约前525—前456），古希腊悲剧诗人，与索福克勒斯（Sophoclēs）及欧里庇得斯（Euripidēs）并称希腊三大悲剧作家。

事"。由于我们的人生多半不曾发生这种傻事（虽然并非完全没有），我们往往低估它的影响力。而这种影响也会以另一种微妙的形态出现，尤其是一个女子对一个男子的生命所造成的影响。爱把两个个体以一种紧密而全面的关系连接在一起，以至于身在其中的人无法保持距离，也就察觉不出其中一人在另一人身上造成的改变。女性的影响就像大气一样，无所不在，而且无形，无法预防，也无法回避。这种影响会趁人不注意时钻进来，对那个男子起作用，如同气候对植物起作用一样。她的人生观的基本特质不断地压在他心灵的轮廓上，最后在他身上留下独特的印记。

由此观之，"爱情是内心深处的一种选择"这个想法颇具深意。因为，如果把我们的理论应用在一个时代的所有个体身上（例如一整个时代），而非应用在单独一个个人身上，那么纯属个人的极端差异就会消失，而留下一种特定的一般行为类型（当我们谈到大众时总是如此），在这件事上是爱情对象之选择的特定一般类型。意思是，每一代的人都偏好某一种普通类型的男子或女子，或是两性当中的某几种类型，而不管是某一种还是某几种，其结果都一样。由于就数目上而言，婚姻是爱情关系最重要的形式，我们可以说，在每一个时代，某一类型的女性会比其他类型的女性更容易结婚，结婚的人数也更多。

一如个人，每一个时代在爱情对象的选择上也泄露出形塑这个时代的秘密潮流，因此，倘若针对每一时期受到偏好的女性类型编写一部历史，或许足以让我们以极具启发性的观点来观察人类的发展。而一如每个时代，每个民族也逐渐发展出典型的女性特质，这种典型不是突然产生的，而是在千百年间随着大多数男性的一致偏好而慢慢形成的。因此，假如仔细而精确地对典型的西班牙女性加以分析，就能照亮西班牙灵魂隐秘的洞穴。当然，如果要这么做，我们必须把典型的西班牙女性拿来和典型的法国女性、斯拉夫女性等相比较，才能描绘出西班牙女性的轮廓。就跟所有其他事情一样，要进行这种研究，重点在于不要认为万事万物的面貌都纯粹是自行产生的。不。一切有形之物，不管是什么，都是一种力量的产物，一种能量的痕迹，一种活动的征兆。在这层意义上，一切都是"被造出来的"，而我们总是有可能查明那股创造的力量，那股在其作品上留下永久痕迹的力量。整个西班牙的历史都保存在西班牙女性的精神轮廓上，一如艺术家在一个奖杯的浮雕上留下斧凿的痕迹。

不过，一个时代对爱情对象的选择最重要之处在于其影响。因为，一代人所偏好的女性类型不仅会决定那个时代本身，也会决定紧接着的下一个时代的特性。家庭的气

氛总是取决于女性，不仅取决于她本身的特质，也取决于
她所创造出的氛围。就算男性是"一家之主"，在家庭生
活中，他的干预也只是偶尔、表面、正式的。然而家却是
由日复一日、持续不变的无数一连串相同的瞬间构成的，
是肺部习惯了一再吸进呼出的空气。家庭的气氛乃是由母
亲所创造，从一开始就笼罩着子女那一代。子女在脾气和
性格上可以极为不同，但他们都不可避免地成长于出生时
家中气氛的压力之下，这股压力就像一阵不断吹拂的风，
把他们全都吹得往同一个方向弯曲。当今男性所偏好的女
性，其生命特质只要有一点小小的改变，由于这种改变会
自我复制，靠着女性的稳定影响力，以及改变在无数的家
庭里重复发生，放眼三十年后，就会产生历史上的巨大变革。
我的意思并不是说这是形成历史的唯一因素，但我要说这
是最大的因素之一。想象一下，当今年轻人所偏好的一般
女性类型如果比我们父亲那一辈所偏好的更有活力一点，
她们的孩子将从一开始就倾向于更为大胆、更有行动力、
更具冒险的生活。即使这种生命力倾向上的改变很微小，
如果扩及整个国家的一般生活，势必会在西班牙造成极大
的改变。

别忘了，在一个民族的历史上，最具决定性的要素是
一般人，其特性决定了民族整体的体质。我这样说，绝非

要否认出类拔萃的人物对于民族的命运的极大影响力。假如没有这些杰出人物，就没有什么值得我们去追求。但是，不管这些人物再怎么杰出，再怎么完美，他们影响历史的程度当视他们的典范感动普通人的程度而定。这是很无奈的事，历史是由平庸之辈主宰，毫无疑问。最伟大的天才会在平凡人无边无际的威力下粉碎。地球显然注定永远要由一般人来统治，因此，要尽可能地提高一般人的水平。使一个民族伟大的是无数普通人的水平高度，而非该民族的伟人。当然，如果缺少优越的人物，缺少典范来把懒散的大众凝聚起来，社会的水平永远不可能提高。因此，伟大人物的介入只是次要而间接的。伟大人物并非历史的现实，有可能一个民族虽拥有个别的天才人物，但整个国家的历史价值并未因此提升。当群众不去追随这些典范，不去改善自己，就会出现这种情形。

奇怪的是，直到近来，历史学家都只研究不寻常的事物和令人惊讶的事实，却没有发现这一切仅具有逸事的价值，最多也只有部分价值；而日常生活的事物才是历史中的真实，一切罕见与杰出之物都被掩埋其中。

在日常事物中，女性是最重要的元素。女性的心灵在极高程度上属于日常生活。男性较受不寻常事物的吸引，至少他幻想着冒险、变革及刺激、困难、新奇的情况。相反地，女性却出奇地能够享受日常生活。她在流传下来的古老习俗中如鱼得水，如果她办得到，她就会把现在变成从前。我一直认为"女人善变"这种说法很愚蠢，它反映出一个坠入情网的男人操之过急的看法，在女人跟他玩了一阵子的爱情游戏之后。然而，恋爱中人的视野很狭窄。一旦从较远的距离，用冷静的眼睛，以动物学家的目光去观察女性，就会惊讶地发现她极度倾向坚持现存之物，扎根于她所置身的习俗、概念和事务中。简而言之，她把一切都变成了习俗。两性关系中存在着一种固执的误解：男性接近女性，就像参加一场庆典和狂欢，去体验一种能打破单调生活的出神，结果却发现她只在规律的日常活动中感到快乐，不管是织补衣物还是去跳舞。民族志学家提出令人惊讶的事实，工作是由女性发明的。而所谓的工作指的是非做不可的日常活动，有别于一次性的运动和冒险活动。因此，女性是职业的创造者；她是第一个农人，第一个采集者，也是第一个制陶者。

一旦我们看出日常事物具有主宰历史的力量，就能明白女性对于民族命运的巨大影响，也就会关切哪一类女性在我们民族的过去占了优势，而当今这个时代所偏好的又是哪一类女性。不过我知道西班牙人对这个问题通常并不感兴趣，因为一谈起西班牙女性，大家就会把一切归诸阿

拉伯人和神职人员的影响。在此我不打算评断这种看法是
否正确，我之所以反对它有更根本的理由，即如果典型的
西班牙女性只是由这两种力量塑造，那么此一典型就纯粹
只是在男性的影响之下形成，显然这种论调完全未顾及女
性对本身及其对国家历史的影响。

六

　　在西班牙，我们的上一代偏好什么样的女性呢？而
我们这一代所喜爱的女性类型又是如何？下一代将会选择
哪一类？这是个微妙而棘手的主题，就跟所有值得写作的
主题一样。因为，在纸上书写何其容易，若是在书写时不
能鼓起斗牛士般的勇气，去处理危险、灵活的题材，那又
何必写呢？再说，我所提出的问题，其重要性非比寻常，
而我不明白此问题和其他类似的问题为何没有更多人来研
究。一条财政法规或是交通规则会被详尽地讨论，而当代
人全体生活漂流其上的情感潮流却无人加以分析和阐释。
其实政治措施跟当时受到偏好的女性类型息息相关。例如，
1910 年的西班牙议会与当年政治人物所娶的女性类型之间
关系密切，凡是明眼人都看得出来。我想要针对这些写篇
文章，尽管我能预见自己所做的判断十有八九会弄错，但

诚实的犯错是作家应做的牺牲，这或许是作家能献给其同胞的唯一美德。不过，在我尝试描绘该时期主宰西班牙的女性形象之前（此主题值得另辟章节钻研），我想先把爱情对象的选择这个概念阐释清楚，直到获得普遍的认可。

当从个体进入到一整个时代的群体，爱情对象的选择就变成了育种的选择，而此一概念融入达尔文伟大的"物竞天择"说，那股促使新的生物形式得以产生的巨大力量。请注意，这个奇妙的论点尚无法有效地应用在人类的历史上，而只停留在马厩、羊栏和森林中。这个论点缺少一个轮子来成为有效的历史概念。历史是一出内在的戏剧，在众人的心灵里进行，而物竞天择的论点必须先套用到这个内在的舞台上。我们将会看出，物竞天择在人类身上是通过爱情对象的选择而发生的，也看出此一选择取决于一个人内心深处所发展出来的深刻典型。

在达尔文的想法中少了这个轮子，却多了另一个轮子：在物竞天择中，最能够适应环境者会被优先选择。而适应环境的概念就是那个多出来的轮子。适者生存是个含混而模糊的想法，一个生物什么时候才算适应得特别良好？难道不是除了患病者之外的所有生物吗？另一方面，不也可以说没有一个生物是完全适应良好的吗？我并非要摒弃适者生存的原则，它在生物学上不可或缺；但是比起达尔文的做法，我认为必须赋予这个原则更多样、更多变的形式，而且万万不可把这个原则放在第一位。因为，把生命定义为适应环境是错误的。生物若缺少基本的适应能力固然无法生存，可是大自然令人惊奇之处就在于，它创造出大胆、冒险、起初并不怎么适应环境的生物形式，这些生物形式同样能够在最低限度的有利条件下适应环境，维持住生命。因此，每一个有生命的物种都可以（也必须）从两个相反的观点来了解：一方面是大自然兴之所至创造出的不适应产物，另一方面则是适应环境的运作体系。在某种程度上，生命在每一个物种身上都提出了一个看似无法解决的问题，但最后总还是有办法，而且往往是以轻松、优雅的方式解决。这让我们在研究各种生命形式时，忍不住想要在广袤的世界上东张西望，寻找那个了然一切的观众，为了博得他的掌声，大自然兴高采烈地费了许多功夫。

我们无法得知就人类的物种而言，物竞天择的最终目的是什么。我们只能在其中发现部分的目的，向自己提出几个吸引人的问题。例如，不管在哪一个时代，女性通常会偏好那个时代中最优秀的男性吗？这个问题一提出来，马上就显现它的歧义性，因为在男性跟女性眼中，最优秀的男性并不是同一种，而且很可能永远也不会是同一种。

我就直截了当地说了吧。女性从来不会对天才型的男子倾心，除非是偶然的例外，意思是一个男子在天才之外还具有一些与其天才并不怎么兼容的性格特征。事实是，为了人类的进步与伟大而在男性身上最被看重的特质，一点也不会让女性动情。有谁能告诉我，女性有多在乎一个男子是否是个伟大的数学家、艺术家或政治家……特定的男性才能创造出文化并使文化得以发展，这类才能会引起男人的赞叹，却并不具有吸引女性的力量。再看看会让女性爱上的那些特质，我们就会发现它们完全无助于人类的普遍完美，而男人对这些特质也不感兴趣。在女性眼中，天才不是"有趣的男人"，相反地，男性对"有趣的男人"并不感兴趣。

女性对于伟大男性无动于衷，拿破仑就是个典型的例子。我们对他的一生知之甚详，也有他尝试接近女性的完整数据。拿破仑外貌上并不缺少优点，年轻时，他苗条的身形让他有"科西嘉之狐"的美称，后来则有了皇帝的壮硕体型，而他的头部就男性的眼光来看具有不寻常的美。既然他的形貌能激起艺术家的仰慕和想象，包括画家、雕塑家和诗人，那么应该也能让女性对他倾心才对。但事实不然，征服了世界的拿破仑很可能从未被女人爱过。所有的女人在他身边都感到不安、不愉快、不自在，她们的想法都跟比较直率的约瑟芬一样。当这位热情的年轻将军把珠宝、金钱、艺术品、领土和王冠全都献给她，约瑟芬却和随便遇到的一个会跳舞的男子调情，在收到那些珍贵的礼物时，她带着法属西印度群岛上的人说法文时特有的口音，脱口而出："这个波拿巴（Bonaparte）真是好笑！"（波拿巴是拿破仑的姓氏）

看到伟大男性难以获得女性青睐，实在令人难过。仿佛女性在天才面前望而却步，少数的例外只是更凸显女性的基本态度。我们若将这种态度与现实中的另一要素相乘，情况更为伤人，我的说明如下。

在爱的过程中，必须区分两种状态，爱情心理学自始至终就把这两种状态混淆了。要让一个女子爱上一个男子，她必须先被他吸引，反之亦然。这种被吸引其实就是把注意力集中在对方身上，通过注意力的集中，对方变得与众不同，从一般人当中凸显出来。这样的偏好还不是爱，却是爱的先决条件。若非先有注意力的专注就不会有爱情，但有了注意力的专注也未必一定就会有爱情。不过，注意力的专注创造出适于爱情萌芽的气氛，以至于这种情况往往就等于爱情的开端。尽管如此，把这两个时刻区分开来极为重要，因为主宰它们的是不同的原则。一边是一个人"引起注意"的特质，使此人获得凸显于一般人之上的优势；另一边则是真正唤醒爱情的特质。而爱情心理学中所有的错误大多源自把这两者弄混了。举例来说，一个男人的财富并不会唤起女性的爱意，可是富有的男人通过其财富可得到女性的注意。同样地，一个才华出众的男子有较高的机会被女性注意到，所以如果她没有爱上他，这就令人费解。这就是处于一般人注意焦点的伟大男性的情况。因此，我们必须把女性对伟大男性的冷淡跟此重要因素相乘。可以说女性拒绝天才型的男子是出于刻意的鄙夷，而非因为巧合或疏忽。

从物竞天择的角度来看，这意味着女性的爱情选择并无助于人类物种的改善，至少就我们男性所认为的改善而言。女性反而倾向于淘汰掉最优秀的男性（从男性的立场来看），淘汰掉那些创新者和爱冒险犯难的行动者，并且明显流露出对于中等男性的偏好。一生中若是花了可观的时间来仔细观察女性的动作，对于她价值判断的标准就很难抱持什么幻想。女性偶尔会流露出为顶尖男性倾心的善意，但这些善意往往都会以失败告终，相反地，一旦她生活在中等男性之中，她就自在得如鱼得水。

这是我们通过观察得知的事实，但请勿认为此言是对女性一般性格的批评。我再强调一次，在大自然的意图中藏着最深奥的秘密。谁知道女性对顶尖男性的反感最终是否有益呢？说不定在历史的进展中，相对于发自男性内心

的不安狂热及对改变与进步的渴望，女性扮演的是减慢速
度的角色。如果最广义地来看问题，在某种程度上从动物
学的角度来看，女性对爱情对象之选择的一般趋势似乎旨
在把人类限定在中等的范围之内，避免挑选最优秀的男性，
以免人类演化成超人，或是魔鬼。

沉默的意思是：

能说出而不说出。

只有这才是真正的缄默，

不是只因为找不到合适的言语，

而是这言语被隐而不言……

沉默，最高的智慧

一

　　有一次，印度的智者被学生问到什么是"梵"（Brahma，祈祷、咒语、圣语、圣知），即最高的智慧。智者没有回答。学生以为老师没有听见他们的问题，于是再问了一次，但那位智者依旧保持沉默。学生又问了第三次、第四次，却仍然没有得到回答。等他们问累了，老师开口说道："你们为什么一再重复你们的问题？我明明在你们问第一次的时候就已经回答了。记住，最高的智慧是沉默。"

　　在梵文中，这个词语更为奇特，因为"Brahma"这个词的意思既是智慧，也是言语、宣告、表达，近似希腊文里的"Logos"（理智、理性、道、根本法则）。印度语言中的这个巨大的诡异现象，像治疗白内障的针刺一样刺进心灵里，让心灵顿时看得清楚。"言语是银，沉默是金"，这如今已是众人皆知的道理。街坊的老太太虽然这么说，却并不完全明白自己在说什么。事情总是如此，通过辩证的必然性，每一项伟大的发现到最后都变成陈腔滥调，从而失去其真理。一再的复述使其失去力量，那个具有意义的鲜活想法变成了老调重弹的俗话，大家人云亦云地使用这句俗话，却未曾用心思索。鄙夷俗话并非出自对原创性的崇拜，这种崇拜没有道理，也不见得是自命不凡，而是由于观察到老生常谈等于取消了原本的想法，或者说排挤了原本的想法。

不过，现在我想谈的不是这个。我也不打算探究印度人的这个说法，不想去研究最高的智慧是否果真是不可说的。人类永远会分成两派：一派认为"不可说"是个坏预兆，等于质疑一个想法中的真理，这一派人自称为"古典主义者"；另一派则在无言之中看见一切崇高事物的预兆，这一派人是"浪漫主义者"。我觉得这两派的看法都不正确。一项认知是否不可说与其真实性毫无关系，而最崇高与最低贱的事物都同样不可说。上帝固然无法用言语来形容，一张纸的颜色也同样无法用言语来形容。"不可说"是一条偶然的线，标记出思想与语言之间的界线，它也许把智识的巅峰划分在外，但也把完全不重要的心智领域划分在外。

还有另一种不可说比这种更有意思。那个印度智者沉默不语是因为他的知识无法用言语来表达，这其实并非沉默。沉默的意思是：能说出而不说出。只有这才是真正的缄默，不是只因为找不到合适的言语，而是这言语被隐而不言，被吞了回去。在生活中，在不少情况下，我们会依照个人的判断而保持沉默，不说出我们本来大可以说出的话，基于某种理由和经验，或是由于一时的情绪。不过，在这些情况下，我们的沉默也并不特别令人感兴趣。

然而，有一种意义非凡的智慧因其本身的特质注定要沉默。我们要到了一定的年纪之后才能领悟这种智慧存在的必要，以及对之秘而不宣的必要。这种智慧是关于对人生的理解，对于我们所认识之人的人生，以及我们自己的人生。这份认知并非是纯粹具有一般性的（在某种意义上，所有的学术认知都是如此，包括历史学的认知在内），而是对这个人或那个人的具体认识，虽然可以通过一般化的思考加以充实，但最初完全是个别化的。是的，我的朋友，我知道许多关于你的事，不是你人生的种种事实，而是你是什么样的人，你最根本的特质。还有你，美丽的女士，我对你所知如此之多，我们可以说上几个钟头也说不完。而我对你们的所知不包含别人向我述说的事实。如果对某人的所知仅限于旁人对此人的叙述（在最好的情况下，主要关于此人的外在行为），那么我们对此人应是一无所知的。这位女士，我对你的所知远胜于此，我所知道的正是那无法述说的一切，而这就是我想要阐明的一点。因为，如果要我定义我对你之所知，那么我唯一能下的定义就是我必须对此保持沉默。这是大量的智慧，这智慧要求我们保持沉默的程度有多深，智慧就有多大。假如我的目光更为锐利，对你所知更多，那么我的沉默就必须更加不可穿透。

我再重复一次，倘若有人以为这份沉默的智慧涉及他人被认为有失检点的行为，说出来会让对方在社会上蒙羞，那就浅化了这个主题。不，可敬的女士，不，事情并非如此。就算全人类都灭绝了，只有你跟我活下来，在荒凉的地球上进行两人之间的私下谈话，我也仍旧得向你隐瞒我对你的所知，否则就会对你造成严重的伤害，而其后坐力会反过来伤到我自己，导致我们的友谊就此破裂。没有人善于揭露这份知识的秘密，因为悬于此秘密之上的寂静就跟人类一样古老，我们不知如何面对它具有腐蚀性的露水。如果想走到那一步（我认为我们要能走到那一步），就必须逐步教育下一代，让他们揭开密封的知识。每个人都拥有这份对旁人的知识，却隐而未言。

对旁人的认识是一天一天慢慢产生的，就像摸不着的灰尘在我们心底形成的薄薄一层。由于得到这份知识的速度如此缓慢，我们感觉不到它在我们心里增长。要等到累积很大的量，等到那薄薄的一层一层叠起来，形成可观的

厚度，直到有一天，我们到了一定的年纪，才能突然感受
到这份知识的重量。然后我们把目光投向这个暗藏心底的
意外宝藏，突如其来的财富与其说让我们感到高兴，不如
说让我们害怕，因为我们不知道如何利用它。这是极端个
人化的认知，若要表达需要千言万语。单单是动了念想把
这份知识告诉别人就很危险，在尚未尝试之前我们就累了，
宁可保持沉默。偶尔我们会因为心中这份过多的知识而感
到窒息，也许会开口跟挚友说起我们的经验。告诉挚友是
因为不必担心会被误解，但我们随即感到气馁，再度陷入
无言之中。

　　随着时间的流逝，新的知识又渐渐累积起来，而旧的
知识却无法宣泄。这笔财富累积得越来越多，而保持沉默
的理由也随之增长。此外，这份智慧的绝大部分由于不曾
流传出去，始终维持在未经表达的状态，因此缺少言语所
赋予思想的清晰轮廓。对于自动落在我们心里的知识，我
们不曾加以整理，将之系统化。偶尔我们会从中提取某种
一般性的看法，针对"某一类"男人或"某一类"女人的
基本特质做出表述。文明社会中的实用心理学都是以这些
脱口而出的微小暗示为基奠的。

　　不过，我们自然而然地对这份智慧保持缄默，还有另
一个更重要、更根本的理由。显然，要能够对个别的人性

有如此深刻的认知，必须达到一定程度的个体化，并且要有足够的理解力，才能够感受到个体的差异。然而在广大群众身上，这两个条件都不存在。在大众身上，人类的本质几乎尚未形成差异，而是按照一种无名的"标准化"性格而存在着。唯有随着文明的进步，才可能产生这类知识，但文明也阻止我们坦率地表达出对旁人的评断。文明教导我们不要彼此伤害，把我们对旁人的看法变成禁忌，让我们隐瞒自己对他人的真实看法。于是，让此种智慧得以形成的社会环境同时也要求我们自动压抑它，弗洛伊德称之为"审查"（Zensur）。

的确，关于人的知识填满了我们心智的一大部分。但是在保持沉默的严格禁令下，我们把这份知识留在心中，不曾揭开，惆怅地怀着它，犹如怀着一个秘密的宝藏，我们颓然垂首，放弃将它示人。这份知识充塞于我们胸中，难以启齿，说不出口，实际上我们本来可以告诉某个朋友，但我们警告自己最好保持沉默。

二

对于我们最佳的智慧（即关于旁人的知识），我们会自动加以审查，因此这份知识无法完全展开。当我们对旁人有了一个"印象"时，由于我们无法把这个印象说出去，也就不会费心思用言语对其进行概括，于是此印象就维持在粗糙的原始状态。口语的表达把每一份本能的、无言的知识变得更准确，也更清楚，哪怕只是内在无声的话语。尤其口语表达乃是能进行大型思考过程的先决条件，少了这种思考过程，任何知识都无法表达完整的意义。在这个过程当中最重要的就是系统化。各位不妨想一想，假如我们不只满足于从旁人那里得到的"印象"，还对这些印象做进一步的处理，变成一种有方法、有条理的持续研究，那么在对于旁人的理解上，我们将会取得多大的成果就可想而知。但事实上，关于旁人的知识都必须经过我们对它的审查。

各位不妨想象一下，假如物理学家对自己的观察总是秘而不宣，结果每个物理学家仅知道他独自努力所获得的知识，当今的物理学会是什么情况。这种"鲁滨孙物理学"将永远跨不出基本的概念。科学需要合作，通过合作，一个人的知识能通过另一个人的发现而变得更丰富。每个研究者的视野都是有限的，每个人有自己独特的视角，排除了其他的观点，使得他看不见事实的某些特征。唯有把投注于一个研究对象上的许多视线集合起来，才能得到完整的理解。假如我们能够告诉彼此我们对旁人的理解，假如能联合不同的心智来研究这份理解，也就是说，假如能让一种文化、一种集体的努力来研究它，让它不仅限于随口的表达，那么可以想象一下，对于人的了解这门科学会是什么光景呢？若能如此，"人类学"就会是范围最广也最成熟的一门知识，而不像如今这样是门粗糙的学科。如同伽利略在他那个时代宣称物理这门"新科学"的诞生（典型的现代科学）一样，我们也可宣称"人类学"是一门新科学，是未来最严谨的典范科学。

我并不否认这种沉默有其道理，要知道这份理解是针对身为个体的人。在人成为个体的时代，在人的个体性开始发展的时代，这样敏感的一种发展不能受到干扰。凡是诞生都是秘密地发生在黑暗中的。说世界的创造是从"光"开始，这种说法并不正确。光永远出现在最后，是犹太教安息日的产物。凡是诞生都是神秘而无声的，知识在形成之时也同样无言。因此，科学最初就如同一个不可泄露的秘密宝藏。凡是认知都经过最初的神秘时期，是一种奥秘，一种禁忌。就连用"Logos"一词把语言文字神化的古希腊，在毕达哥拉斯学派、柏拉图和亚里士多德那个时代，数学和哲学刚开始时也是一种秘密的科学。曾有谣言说柏拉图曾向暴君狄奥尼修斯二世（Dionysius II）透露了他对于大自然最终原则的想法，为了驳斥此谣传，柏拉图在生命快到尽头的时候拿起石笔，写下了著名的《第七封信》。为了证明这个谣言并非事实，柏拉图指出像这样的认知无法用言语来传达，永远是每一个人的秘密。真正的知识是少数人保存在其心中的奥秘，我们最多只能凭借严格的检验，一起准备好接受最终的顿悟。柏拉图说："至少不会出自我笔下，而我将来也不会写出有关此一主题的作品。"

形成中的知识总是被秘密所笼罩，以至于一碰到神秘的手势与符号，我们就猜想那背后是否藏有某种巨大的智慧。

因此，2500年来，大家相信古埃及具有最深刻的认知，只因为古埃及的文字是那么神秘难解。

可是，若说新生的智慧让人无法接近，需要靠沉默来保护，这却不适用于已经成熟的智慧。在认知的发展过程中有一个时刻，必须要发出声音，需要散播和传达，也就是当此认知成为"科学"的时候。科学时时刻刻呼喊着那句永恒的"我知道了！"科学无须自我克制，不能自我克制，也不想自我克制。

同样地，如今我们也该假定世人已经习惯了身为个体，足以承受对旁人的知识的传播，而不受伤害。

前几代人不曾说出他们对于周遭之人及同时代人的理解，把那样巨大的宝藏带进坟墓里，实在太可惜了。尤其是那些在科学上具有卓越天分的男士，他们原本可以留给我们多么宝贵的知识，关于他们周遭之人，关于与他们共同生活的人，关于他们所爱的女子，关于共同奋斗的伙伴，如果衡量一下我对于影响了我一生的人有多少认识，我就震惊于我们所失去的知识，那些杰出的人物心中想必积存了许多。因为一旦明白我们全都或多或少对彼此有所认识，那么在这个领域显然可以依照天分的高低排列出等级，就跟在所有其他领域一样。令人惊奇的是，大多数人在理解周遭之人时十分迟钝而且不准确。看透旁人是每个人与生俱来的能力，就跟理智一样，但是在一个较高的层次上则是只有少数人才有的天分。

不管我们得到多少这种智慧，要默默地将之带进坟墓，不能永远地"说出来"，总是令人遗憾。它毕竟关系到旁人在我们眼中是什么样的人，这是我们对实际人生的理解，是最卓越的人生科学。年复一年，我们把这份在短暂人生中所汲取的财富摆在一边。我们针对各种主题写作书籍，关于星辰，关于阿兹特克文明，却隐瞒了人生所赠予我们的那些认知。我觉得生命没有用生命来回馈有欠慷慨，因此我认为凡是有能力思考的人除了他本行的专业书籍之外，也该写一本关于自己人生知识的书。

如此释放积聚在心中的见解，会带来很多好处。我且提出其中一个：我们对旁人的认知也包含我们在他人心中的形象。是的，朋友，我不仅能够告诉你，你的内在是什么样子，也能告诉你，你是如何看待我，我的人被你的心灵之镜接收，然后再反射出来。我们知道自己在别人心中是根据什么样的法则被扭曲。我针对你所提出的看法，你未必觉得正确，可是如果我向你揭露我在你心中的形象，你就会觉得自己被说中了，随即发现我们对彼此来说其实是透明的。在人类的教育上，我对于此认知有很高的期望。因为大多数的错误来自许多人自以为别人无法看透他内心世界的秘密，而把身体当成一种伪装，用来遮掩内在，遮掩他真实的本质，仿佛他遮掩得了似的！我们经常想对别人说："你何必如此惺惺作态，既然我明明看出那只是个姿态，看出你并不认为自己是天才，只是在我面前装出一副天才的样子，好让我认为你是个天才，再把我的想法转嫁到你身上？"

每个人几乎都偶尔会在自以为无法被看透的情况下，做出种种愚蠢而笨拙的行为。假如人人都知道自己是透明的，那么这些愚蠢的行为就会永远消失。我们所犯的错误大多源自我们不了解自己在世人眼中的地位。我们通常很清楚什么是自己应得的，良知从来不会说谎。可是我们以为别人不知道，自以为可以欺骗他们，在他们面前假装地位更高。由于别人什么都没对我们说，我们就认定他们接受了我们对自己的评价。

我们所保持的沉默具有严重的后果。我认为这就是我们年纪越大，与彼此的距离就越远的原因。人与人之间的间隔越发深不可测，到了孤独的地步，令人难过。这种现象虽然很常见，但仍旧令人称奇。把我们与旁人分隔开来的是我们对他们所知但隐而未言的事。我们知道得越多，沉默就越深，也就越发无望地孤独下去。沉默之山在我们之间高高耸立。相反，年轻人之间比较接近，因为他们对彼此还没有什么看法。若要接近年轻时代的老朋友，只有彼此间"把话说出口"。而所谓的"把话说出口"在于每一个人都揭露一小部分他对另一个人的个人看法。

如果我们宣称旁人是可以看透的，难道这会是件坏事吗？会对人类造成无法弥补的损害吗？我不知道，这得由未来去决定。不过，我觉得至少有一点很清楚，即我们的价值取决于心中所怀具体知识的重量，取决于我们必须隐而不言的知识的分量。

上帝如此沉默，这一点应该令我们深思。他把自己的秘密保守得多好！也许他之所以如此沉默，是因为他对我们的内心知之甚详，只要揭露出一句他对我们的想法，就足以毁掉我们。而我们却只能像接近一位老朋友一样接近他，除了"把话说出口"外没有别的办法。而"把话说出口"
意味着对自己说出上帝可以对我们说，却礼貌地没说出口
的话：即向自己承认有关我们的真相。这件事的象征就是
忏悔，无怪乎奥古斯丁通过《忏悔录》去描述他如何找到
通往上帝的道路。

这个大智慧仍然得继续被隐而不言。如果我们现在偷
偷地表示出自己对于一位友人的看法，这个举动会显得极
不寻常，以至于被误解为一种敌意。

可是我们难道不该慢慢地推广这种新文化吗？一点一
滴地发展这种"最新的科学"？假使要这么做，我们首先
得思索最恰当的表达形式是什么：是对话录？回忆录？还
是小说？莫非人类发明了小说是当作一种艺术技巧成熟的
语言，以便有朝一日成为大智慧的第一种表达形式？